版权登记号：01-2011-6528

图书在版编目（CIP）数据

女人的八种人格 /（德）克莱因汉茨著；胡伟珊译. —北京：现代出版社，2015.12

ISBN 978-7-5143-4575-9

Ⅰ. ①女… Ⅱ. ①克… ②胡… Ⅲ. ①女性—人格心理学—通俗读物 Ⅳ. ①B848-49

中国版本图书馆CIP数据核字（2016）第015571号

女人的八种人格

作　　者	［德］克莱因汉茨
译　　者	胡伟珊
责任编辑	吕　佳
出版发行	现代出版社
通讯地址	北京市安定门外安华里504号
邮政编码	100011
电　　话	010-64267325　64245264（传真）
网　　址	www.1980xd.com
电子邮箱	xiandai@vip.sina.com
印　　刷	三河市国新印装有限公司
开　　本	710mm×1000mm　1/16
印　　张	13.75
版　　次	2015年12月第1版　2015年12月第1次印刷
书　　号	ISBN 978-7-5143-4575-9
定　　价	32.00元

女人的八种人格

找准位置就能找到幸福人生

[德] 苏珊娜·克莱因汉茨　著
胡伟珊　译

中国出版集团　现代出版社

目　录

序言：今天的女性如何掌控自己的人生？

今天的女性

在一个男性占主导地位的职场上奋力抗争，不肯吃亏，受到恶意的人身伤害时强忍泪水，从不歇斯底里，无论受到多么不公平的待遇，仍忍气吞声——为了表现温柔，为了展示优雅，为了在任何时候都能流露出友好的表情——这就是很多女性的生活，一种空落落的生活。

女人们早就期盼，能够自己掌控自己的人生。过一种人们很少进行激烈的争斗，相互尊重和扶持，拥有自由的空间、和谐安宁的生活——那将是一个充满快乐，没有痛苦的世界。

本书向您传达一个鼓舞人心的理念：只要您开始探讨女性这一题目，您的生活就会改变。您将凭直觉感受到，哪些男人是站在您这一边的，哪些男人会把您看作威胁，并处处和您作对。您将从这本书中学到，作为新时代的女性，该分几步走，就能达到“我的生活我做主”的目标。

男人世界的反应

人们常常问我，这本书叫什么名字。我说：“女人的掌控力。”于是各种不同的反应纷至沓来。有一个男士问我，在妇女运动中，我作为解放者，究竟为此奔忙了多少年。另一个男士则对数据和事实感兴趣，他很想知道我从什么时候开始相信人类已经发展到要进入女性世纪了。从他的表情和语气中我认定，如果真是那样，他会马上想移居国外的。我回答：“距离那个目标也许还需要一段时间吧。”他立刻满怀胜利信心地哈哈大笑起来：“那好，到那时你再出生吧，到时候你要是投胎变成一个男婴，你恐怕只能自认倒霉，自己抽自己了，因为你抽到的是一张黑彼得纸牌[①]。”从他们的言谈中，我感触颇深。对有些男性来说，将女性作为与他们平等的人来接受是件很难的事。但是，谢天谢地，并非所有的男性都是这个样子的。第三位男子的反应就完全不同。他深深吸了一口气说：“这对所有的人都是件好事啊。”——他真的很理解我的初衷。

从前面两位男士的反应可以清楚地看出，许多人一听到“男性”“女性”，首先想到的就是“性别大战”，关心战斗是缓和还是激烈，是输还是赢。我认为，该是结束这场筋疲力尽的消耗战的时候了，取而代之的应该是，为男人和女人铺平一条可以并肩前行的、轻松舒适的、和谐合作的康庄大道。

21世纪为女性提供了前所未有的自由和自主生活的机遇。由于在工业化时代，大部分的职业与体力紧密相连，所以我们的母亲辈在职场上施展的机会有限，不能与今天的我们相比，那时无数收入好的工作只能由男人们担当。在20世纪50、60、70年代，妇女的生活是相当艰难的。她们不独立，只有很少的机会能获得完全的自由。

今天，机会不均等的理由完全站不住脚了。当今的职业也已不同于过去，女性依据她们的身体、社会交往和情感天资，完全能像男性一样胜任几乎所有的职业，服务行业、卫生部门、文教科研、市场营销、咨询部门，等等，甚至比男性干得还要好。作为女性，在男人世界里打拼实属不易，尽管如此，请大家多多包容和原谅之类的话语已经不会再生效了，女人必须打起精神，在男人占主导的世界做出成绩，证明自己。诚然，这个世界依旧是男人占优势，但是女性也为此尽了全力，作出了她们的巨大贡献。尤其是将男孩培养成男人的母亲们。还有甘愿退居幕后，牺牲自己的事业，放弃自己的奋斗目标，将男人推到成功舞台上的那些默默无闻的女人们。然而，请不要担心，“女人们慢慢地走来了，步伐坚定而有力”，德国女歌手伊娜·德特尔早在20世纪80年代就已经预料到了。

① 黑彼得纸牌是一种儿童纸牌游戏。谁最后持有“黑彼得”，就得罚谁把脸抹黑。

女性掌控人生的绊脚石

我在培训中常常遇到一些女士，她们抱怨职场有多么冷酷，多么不公平，她们时时受到限制，面临层层障碍。当我追问她们，究竟是谁挡住了她们的去路时，80% 的抱怨者表现得极为清醒，她们称她们的绊脚石根本不是那些恶意中伤的男人们，而主要是她们自己，是她们心中的牢笼。您也许会问，那么女人的希望何在？我们不是外界强权的牺牲者，而是我们自己心墙的牺牲者。我们满怀希望，那是因为我们相信，自己设的障碍，当然要靠自己把它拆除掉。将心中的栅栏一根接一根地拔掉，拔到一根都不剩。痛吗？那当然，痛极了！但值得。我们获得的是真正的心灵自由和终于可以走自己想走的路，并且确信前方会有出人意料的美景在等待我们，这难道不值得吗？扫除心路上的绊脚石，是我们掌控自己所必须经历的阵痛。

心灵解放的时代

21 世纪女性的当务之急是：学会如何打造成功的内心世界。伟大的掌控力是由内心深处流出来的东西，唯有内心的力量强大，掌控力才能跟着强大起来。随着女性的解放，心灵的解放也开始了。只有学会适合我们女性的成功策略，我们就不再是男人的配角，而是成为女性中的豪杰。

本书的目的除了要探索我们女人从哪儿来、往哪儿去这些问题外，还要给女人们指明道路，教你如何摆脱自我限制和束缚，过上自己想要的生活。

本书所引用的希腊神话故事为我们拨开云雾，使我们清楚了问题的根源和解决的策略。亲爱的读者，伴着很多的故事、经典范例和练习，您的一个个疑问将会迎刃而解：哪类女性原型是最强的，哪类女性原型是最弱的，您在生活中的定位是什么，您对自己未来的定位又是什么……

利用本书提供的各种各样的策略对自己进行真诚的研究，您就会得到一个令您爱不释手的“实用工具箱”。有了它，您的职业和您个人生活的所有要求，您都能积极面对，应付自如。只要您对本书所述的独特的谋略坚信不疑，又能很好地给自己定位，您就能掌控在职场、情场上的处事要诀，轻松愉快地获得职业生涯的成功，使自己的生活过得美满幸福。

如何成功地掌控自我

成功不仅表现在职业生涯中，更体现在所获得的成果与所付出的代价之间的比例关系上。人们要抓住生活提供的广博的发展机遇，一步一步，扎扎实实地向前迈进。

我在男人占主导的金融服务领域里当过几年培训师，有切身的感受。那些事业有成的男人之所以能功成名就，理由很简单，因为他们认为天下没有不可能的事。他们相信他们自身的强大，他们做好了投入风险的准备。他们不屈不挠，情愿忍受孤独，就是为了换取成功。而大多数进入家庭的女人们却总是畏首畏尾，犹豫不决，缺少自信。

如果女人们有心去探索一下，她们来自何方，她们的根在哪里，有哪些好榜样，这些榜样提供了哪些女性策略，那么她们也会硕果累累。已经有许多女性踏上了为勇敢者敞开的道路，并取得了无与伦比的辉煌。要知道那个年代，作这样的选择比现在要艰辛困难得多。在本书中您将会找到许多投缘的女性样本，她们已经为您铺平了一些前进的道路。

有意识地开发你的掌控潜能

一个女性，只要了解自己潜意识的模式，并有针对性地制定出一套策略，就会在潜意识中认为要失败的地方取胜。如果您能将无足轻重的角色远远抛在脑后，成为自己生活的导演，那么生活就会变得更加轻松和快乐。当您意识到自身的存在时，您就不用依靠外界，而成了独立自主生活的人。当我们积极主动，而不是被动地去生活时，我们所经历的就是我们的发展之路。成功首先与一个人的心境有关，其次与您的能力和认知有关，您是否能发现，在您所遇见或经历的事中，哪些是重要的，哪些会对我们的自身发展起很大的作用。这就是说，必须做到心明眼亮，目标明确。心中的目标清晰了，再去考虑良好的交际能力和成功策略，这样才有意义。

我们这本书是从记录女性的实际处境开始的。作为女性，我们给您的第一个礼物是什么呢？那就是我们提供的希腊神话中一群神采各异的伟大女神的原型类型及分析定位。我们赠送的第二个礼物是我们的指导。在我们的教育中要去追寻我们的根。我们只有到了成人阶段，才有可能再一次地审视和决定儿童时代的那些最初的模式是否还有用，哪些可以转交给自己的孩子，哪些基本没什么用了。告别陈规陋俗，获得勃勃生机。第三个礼物可以自己送给自己：自主自立。我们在第四部分中所提供的手段和方法可以引领您轻松自如地抵达完美人格的彼岸。

您看，只要我们先明确我们想做什么，然后将种种限制丢在一边，并正确地使用合适的工具，那么一切是不是很容易做到呢？

为自身的利益奋斗

女性要为自己的利益奋斗，而不要与他人对立。重要的是，作为女人要看到自身的价值而不是去贬低男人。要做一个成功的女人，海纳百川，既善于向世界上的女性学习，也懂得吸取男性身上的养料，这才是女性学会掌控自己的最高境界。如果人们在生活中忙着拒绝占人口一半的人，并且与之作对，那么这样的生活必须依靠占人口一半的男人的生活没有丝毫区别，同样都非常艰难和具有毁灭性。因此要学会自立，要寻找自己要走的人生之路——在个人生活、职业和人格方面的发展道路。

天生是女性：
神话和原型

1. 莉莉丝和夏娃——《圣经》中的女性形象

谁是亚当的第一个妻子

夏娃并不是人类始祖亚当的发妻。我们翻开《圣经》，在《创世记》中写道："上帝照自己形象造出男人和女人。上帝祝福他们，并对他们说：要繁衍后代，治理土地，管理海里的鱼……"因此可以认定，上帝的本意是男女平等，共同管理土地。这一点在希伯来文写的伪经中也可以读到。

《创世记》还写道："独处太孤单。我要为他造个伴侣……上帝让亚当沉睡，当他入睡时，取下他的一条肋骨，用那条肋骨造了一个女人。把她带到亚当面前。亚当惊奇地说：'这是我骨中的骨，我肉中的肉，这就叫女人，因为她是从男人身体里出来的。'"

这个女人就是夏娃，她是亚当的第二个妻子。从《圣经》中的这段描述中，一方面人们根本无法希望她能自己决定未来。而另一方面，细心的读者会问，在《创世记》中哪里有对亚当发妻的记载呢?

其实《创世纪》中根本就没有相关记录。其中的巨大奥秘犹如一个谜，谜底要在人们对西方世界女性形象的种种矛盾心理中去寻找。究竟谁是亚当的原配夫人，又是什么原因将她从《圣经》的故事中驱逐出去的呢？我们不妨查阅一下希伯来神话，查阅一下犹太密宗卡巴拉圣经——左哈尔，那里有着清楚的记载，即亚当的第一个妻子是莉莉丝，她是一个充满了神秘诱惑的强健女子。她坚持认为她与亚当是平等的，表现在她行房时不愿躺在亚当的下面。亚当想让她服从他的支配，却未能成功。在卡巴拉圣经中可以找到下面这段对话：

亚当："我是不会躺在你下面的，我要在上面，因为对你来说，只有在底下才是合适的。我的位置应该优于你。"

莉莉丝："我们两个是平等的，因为我们都是上帝亲手所造，同出泥尘。"

他们都不想听从对方。

莉莉丝比亚当有力多了，因此亚当也不可能让她屈服。莉莉丝是一个插着双翅的生灵，像山雕，充满对自由的向往；像斗士，不屈不挠勇往直前；像武士，视死如归毫不妥协。因此她是永远也不会屈从的。她知道，她的要求完全合情合理。她也不想高居亚当之上，她只想与他平起平坐，受到平等的对待。她想拥有情欲和激情、成就和争执。她喜欢想什么就说什么，或许她也会认输，但前提条件必须是发生在两个平等人之间的一场公平的、充满情欲的争执。

但亚当做不到，并且试图用暴力，而不是用情欲去制服她。愤怒和失望使莉莉丝振翅飞向天空。亚当没有翅膀，追不上她，于是就请上帝帮忙："你为我造的女人跑了。"上帝派了三个天使去追莉莉丝。他们在红海附近追上了她，并命令她："立刻回到亚当的身边，不然我们要将你溺死在大海之中！"但是，披着火红长发的莉莉丝摇摇头，她宁肯忍受残酷的惩罚，也不愿意屈从这个男人。

莉莉丝——夜之魔女

从这里开始，对莉莉丝的命运有着不同的记载。有的说，她被囚禁在红海深处；另一种说法是她成了蛇身，重新回到乐园。无论怎样描述，莉莉丝都被视为魔女和放纵性欲的典型。其实她只是一个有着野性之美、对性爱有着自己独特观念的女性，她只有一个愿望，那就是在与丈夫的生活中保持平等和独立。如果这个愿望不能满足，她宁可离去，过自己的生活。值得注意的是，这种追求在神话中遭到了断子绝孙的严惩：她的魔子被弑杀；凡见到这个夜之魔女的男人都会被迷得神魂颠倒，变得软弱无能，无法做爱。

父权制文化在此以极其残酷的方式将女性形象分裂为两种：圣女和荡妇。圣女型的夏娃和圣母玛利亚，都是在没有任何愉悦和爱抚之中就怀孕得子，而与之相反的是表面淫荡，实则独立的莉莉丝。

也许您很熟悉这样一个场景：作为单身职业女性的您被邀请参加一个活动，到场的还有您的男同事以及他们的夫人。您不妨扮演一次莉莉丝的角色，您完全能感受到选择成为夏娃型的那些夫人们向您投来的那种夹杂着担心、嫉妒和欣赏的目光。

今天的夏娃和莉莉丝

今天的男人和女人们又如何带着这个课题与时俱进呢？女士们面对西方人眼中的这两个女性形象，很难作出抉择，而男士们却显得悠然自得、轻松自在，他们的答案是：两种女性都要。他们希望在家里拥有贤妻夏娃，温柔，乐意多生孩子，对丈夫关怀备至，而同时他们又与充满情欲、激情四射的莉莉丝寻欢作乐。男士们一方面很欣赏像莉莉丝这样事业有成的女人；另一方面又惊叹不已，觉得她与忠心耿耿全力顾家的结发妻子味道完全不同，因而将她视为红颜知己，她主宰着他，而他也愿意受她掌控。男人们在此充分利用了社会给他们提供的多样的女性，而女士们却常常处在难以抉择、自我矛盾的心理之中，备受煎熬。但是一旦她们觉悟了，就会摆脱选择的痛苦。当您读到这里，您就知道如何以另一种完全不同的方式来对待这个问题了。既然意识到西方女性形象的分类原则，您就有可能去选择其中一种，或者选择二者兼有的一种形象。

新时代的莉莉丝们有着很多的渴望和追求——她们不想只找个男人结婚了事。她们处处洋溢着自信。人们随处可以见到驾驶着时髦车在马路上飞驰而过的她们，在职业生涯中不甘落后经受住种种考验的她们。但是她们在展示女性特质方面的表现做得怎么样呢？她们是否愿意随心所欲地生活，或者是否愿意为了照顾男士的支配地位而做些让步呢？

当今社会的夏娃们也绝对不像过去那样低三下四，卑躬屈膝了。她们已经学会机敏地给她们的亚当指明道路，以谋求美好的生活。由于人们的心灵与认知是息息相关的，而我们也无法改变希伯来语记述的故事，因此我建议您首先给自己定位，看看在自己身上，夏娃和莉莉丝的成分各占百分之几。这样在遇到某些情况时，您就能意识到，还有其他选择的可能性。

亲爱的读者，您是谁，夏娃还是莉莉丝？

练习

定位——夏娃还是莉莉丝

您的总体定位在哪里？是在夏娃——或在莉莉丝——数轴上？请您在矩阵图上用黑点标出您的位置。

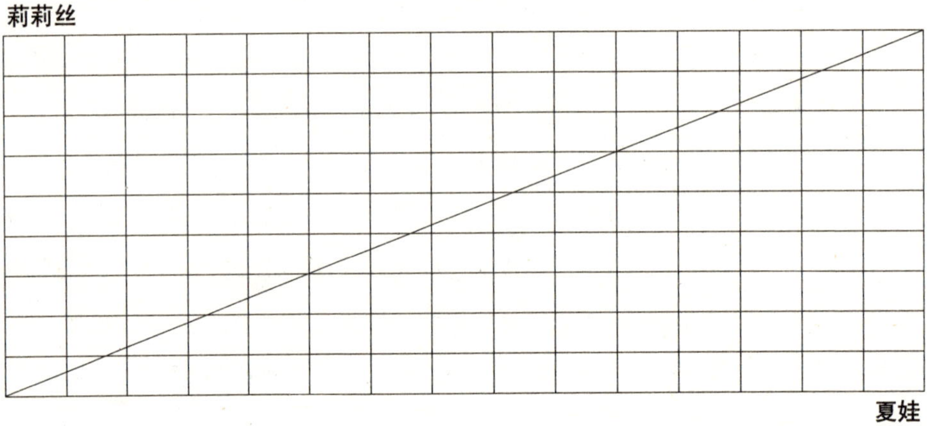

请考虑以下问题：

什么时候我过的是莉莉丝型的生活？ ______________

什么时候我过的是夏娃型的生活？ ______________

两者如何协调？ ______________

其中是否有一种类型的生活让我感到痛苦？ ______________

如果有，什么时候？为什么？ ______________

生活中哪种类型占的比例更多？ ______________

在我的职业范围中谁偏爱哪一种类型？

夏娃：______________ 莉莉丝：______________

在我私人生活空间谁偏爱哪一种类型？

夏娃：______________ 莉莉丝：______________

2. 希腊神话中女性成功的策略

归根结底，希伯来的创世故事总是把我们引回到选择圣女型还是荡妇型的矛盾心理之中。我们姑且离开这些故事，深入到生气勃勃、充满力量的希腊神话之中去做一番探究。映入我们眼帘的则是数量众多、富有魅力和影响力的男女众神名单。在这些激动人心的神话故事中，我们可以发现一种认识自我的方法，并将此转化为女性获得成功的策略。在这些故事中，我们找到了女性在职场中的谋略和最鲜活的个人生活方式。让我们更近距离地接近下面的女神和她们的壮举。她们是：坚强刚烈的地狱之神女祭师美狄亚、富有诱惑力的喀耳刻女巫、美貌精明的爱情女神阿佛洛狄忒、有非凡创意的艺术女神缪斯、有高超爱情能力的灵魂女神普赛克、非常理性的月亮女神阿耳忒弥斯、聪明的智慧女神雅典娜和勇敢的亚马孙女战士。我们首先来了解所有希腊神话的起源，即伟大的众神之母。

对女性的原始信任原则——地母盖亚

希腊神话描写的创世起源于混沌地神的生育。混沌生了地母盖亚，地母盖亚又生了繁星似锦的天穹、山脉、身居山林的自然女神们，以及波涛汹涌的海洋。她给了众神前辈——提坦巨神以生命，因此盖亚就是一位将生命带入世界的伟大母亲。在她身上体现了女性的原始图腾。她以她充满爱的无限威力在混沌大地上创造了世界。她给了处境荒芜凄凉的宇宙以希望和力量。这个神话给了我们勇气，让我们满怀希望地看到我们女性身上的潜质和才能，并坚定不移地朝前走。

女人们离苍天那么近

盖亚的爱蕴藏在自身的心灵里与生俱来，无须找配偶去施展爱力。而当人们观察希腊神话中其他女性形象时，马上就会发现：女人们的权威发生了变化，因为她们忘记了，爱就蕴藏在她们自己的身上，她们需要的是自己，而并非需要通过征服他人去寻找爱。她们身上不仅深藏着爱，而且也蕴含着保持这种爱所需要的承受和化解痛苦的能力。一方面，爱会给个人造成最巨大的痛苦；而另一方面，爱又给人以承受这种痛苦的力量。

有的聪明人看到这里也许会说，既然这样，不如全都舍弃吧。须知，没有爱就没有人类的发展，尽管这给自己带来巨大的苦难，但同时也给了自己战胜痛苦和壮大心灵的力量。

神话与现实

伟大的神话反映了现实，又创造了现实。我们也许永远也弄不清楚，为什么女人和男人会发展成现在这个样子，我们今天又该如何看待这个问题。有些现象显而易见：女人们有更强的承受痛苦的能力。她们将孩子生产到世上，在享受爱的同时，也忍受着分娩之痛。女人们实施性行为，更多出于女性的天性：她们对“情”的要求比“欲”更强烈。而在男人们的天性中，欲望和行为则超过了“情”。正是出于这种原因，所以他们有时表现得很刚强。否则的话，他们又怎能忍受得住长期离别妻儿的痛苦，在狩猎场及战场上忍受孤单呢？！那时的狩猎，在今天就意味着事业。在过去，男人因为爱情遇挫心烦意乱，导致狩猎时就不专心，就有可能失去生命。而在今天他们失去的也许是一份订单，或是职业的升迁。谁如果认为，爱情只对女人们来说是件难事，谁就错了。爱情对于男人和女人都是一种天赋的权利和一种巨大的痛苦。但是有一个原因促使我们世界上的人类必须去学习爱情。

唐璜对杰克医生说：

"生活中只有四个问题值得回答：

什么是神圣的？

灵魂的信仰是什么？

什么值得你为它而生？

什么值得你为它而死？

答案都是——爱情。"

——电影《唐璜·德马科》

意象创造现实

现实是什么？人们如何创造属于自己的、完全个性化的现实？我们所看到的都是真实的吗？或者我们看到的只是我们的意象？在秘鲁有一个睿智的印第安人部落，他们声称能云游天下。人们好奇地问这些印第安人，他们是怎么做到这一点的，回答非常令人大跌眼镜：他们的心中有对另一个世界的一个意象，所以就能在其中漫游。当哥伦布占领非洲时，据说印第安人并没有看到哥伦布的船只，因为在他们的头脑中没有船的形象。我们内心的意象也与此大同小异。我们只能按照我们的意象去看东西。例如，我们爱情的强烈度会与我们心中所构想的一样。同样，爱情的机遇也与我们对爱情所构想的灵活度是相符的。

让我们来看看有关希腊小爱神厄洛斯（丘比特）的神话故事吧。神话一开始就埋下了对厄洛斯的伏笔。把厄洛斯作为"性爱和美"之原始神的意念早已存在——在地神混沌生盖亚时，盖亚的体内正孕育着他。那么怀他之前的情况是怎样的呢？是爱情，还是对爱情的意念？我们认为，那是意念。一旦您心里形成了意象，就会更容易地获得成功，成为自己生活的塑造者。怎么做？非常容易。您只须改变您的意念，使之有助于实现您想达到的目标。厄洛斯的原始意象在稍后的希腊神话故事篇章中，在宙斯、众神、半神和尘世之人开发耕作奥林匹斯山的时候，才得以实现，作为爱神阿佛洛狄忒和战神阿瑞斯的儿子来到世上。

本章节要把握三个要点：

1. 新意念只有在原来存在的意念基础上才能产生。

2. 厄洛斯是躯体之爱与战争暴力的一个混合体。

3. 从中得出的结论是：有时人对“爱情”这一情感的反应是恐惧。

没有耐心，无益爱情

可惜在涉及圣神之爱的问题上，上天赋予人的不是非凡的耐心，而是逃跑和攻击的模式。一旦出现感情矛盾或不和谐，人们都喜欢干什么呢？逃跑，或者攻击对方，使对方也逃跑。多数的结果是：过早地分手、眼泪、痛苦，以及在下一个关系中重复这种模式。

最悲剧的是，双方共同的爱情潜能由于过早的分手都没有得到充分的开发，并且造成重要机会的流失。人们会想：“没辙，顺其自然吧。机会还会再来。”25岁分手的理由充分正当，30岁起分手会遭受更多的痛苦，40岁终于回归自己，开始注重自己的内在——沉浸在自恋和自我陶醉的游戏之中。女人一旦进入外表失去魅力的人生阶段，内心的空间就得到了释放。她觉醒了，表现在她开始思索和领悟到爱情那充满浪漫和光辉的一面。

因此您要注意，既要产生爱情的意念，又要有缺失爱情的意念。当意念变为现实时，就要好好把握住，实现意念，享受幸福。

当今世界的盖亚——爱情意念

当一个女人感觉到，她想敞开心中之爱时，她就会挑选一位意中人，将爱情作为礼物赠送给他。女人扮演的是选人的角色，而男人则给了这种爱一个表现形式。他是容器，而她是器中之物。双方就这样共同构筑他们的爱巢。在这个爱巢中，男人完全有自由表达渴望亲密或疏离的需求，对他来说，这样的生活比女人更重要，这就是男人对爱情的表现形式。而由于女人是爱情的承受方，一旦容器有了裂痕，或者破碎了，她就失去了依靠，有可能彻底崩溃。

女性的内心比男性有更多的爱。女性比男性更善于表达爱和经营爱。她们心甘情愿地为男人付出自己的爱，但是她们往往不是通过男人去达到她们的爱情能力。因此，我们必须唤醒女人们，重新意识到这一点。一个女人一旦知道，她们无须为了爱去依赖男人，那么她们就会为自己的生活作出更好的抉择。

没有交流就没有发展

能量来源于集中注意力。由于害怕失去、痛苦或承担责任，两性关系中出现了越来越大的问题，并且危及双方的关系。单方面猜测，期待另一方示爱，会产生误解和恐惧。当双方不再谈及性欲、期望，也不谈失望，或者自身将性交列为禁忌时，女性超高的价值就凸显出来了。

我们享受充满魔力的那一时刻，毫无恐惧地付出我们的信任和爱，似乎我们自己从未受到过伤害，并通过这种方式获得轻松。无论现实会有多少重负，有一点是相同的，即在两个相爱的人的世界里，蕴藏着机遇和创造新现实的力量。

荣格的学说——心理类型学工具一览

精神分析学的创始人卡尔·古斯塔夫·荣格[①]研究了人类的举止行为，并进行了有益的分类。借助荣格的分类类型，八个希腊神话中的女神形象美狄亚、喀耳刻、阿佛洛狄忒、缪斯、普赛克、阿耳忒弥斯、雅典娜和亚马孙女战士的人格归类便一目了然。这八个女神都是地母盖亚的后代，她们能帮助我们找到自己的行为模式，并可对照审视一下我们的生活现状。下面的故事只用来作为心理观察的象征喻意，并非是希腊神话的全面写照。

---

① 卡尔·古斯塔夫·荣格（1875—1961）：瑞士心理学家、精神分析医师，分析心理学的创始者。

荣格对人格的分类

荣格在他的著作中将人的性格划分为内倾型和外倾型、思维型和情感型。外倾型的人喜欢抛头露面。他们的特征是，喜欢社交，富有表现力，以外界信息作为自己的导向，乐意倾诉衷情，需要与其他人组成交际圈。内倾型的人则相反，他们喜欢独处，喜欢观察，做事专注、保守，处处谨慎小心。他们沉浸在小圈子里，或是自己的主观精神世界中，享受那份惬意的感觉。思维型的人总是以客观的结果和目标为本，作出自己的决定，且意志坚强，有头脑，懂得用理性思考来驾驭自己。情感型的人则相反，他们的决定是根据关系和相互间的影响作出的。这类人感情冲动，遇事随心所欲，不计后果。这些类型并非以一种单纯的形式出现，而是以各种不同的特征和组合出现。

人格类型与四大自然元素

我们不妨引进四大自然元素来描写各个类型，这样一来，枯燥的性格类别就变得生动活泼了。

- 外倾思维型对应火象星座[①]，火具有巨大的威力，拥有燃烧自己和他人的强大能量。
- 外倾情感型对应风象星座[②]，太阳是其主宰行星。太阳和风产生炽热、飘浮和速度。
- 内倾情感型对应土象星座[③]。它展现的是根深蒂固的、安全的、和谐的亲密关系。
- 内倾思维型对应水象星座[④]。水静静地，慢腾腾地流着，但目标明确，不达

---

① 火象星座：与火有关的星座称为火象星座，包括白羊座、狮子座和射手座。
② 风象星座：与风有关的星座称为风象星座，包括双子座、天秤座和水瓶座。
③ 土象星座：与土有关的星座称为土象星座，包括金牛座、处女座和摩羯座。
④ 水象星座：与水有关的星座称为水象星座，包括巨蟹座、天蝎座和双鱼座。

目的誓不罢休。

在下面的表格中，我们归纳了现实生活中的四个性格类型。这样的简化归纳是为了使我们更容易地认识自我，并做出调整。纯粹的内倾人或外倾人是没有的，因此表中列出的任何一种类型都涵盖不了一个人身上实际存在的性格。这四个基本类型可以有助于我们更好地把握和剖析希腊神话中八个女神的性格，并推导出成功的行为方式。

荣格的人格分类

类型	元素	正面性格（+）	负面性格（–）
外倾思维型	火	热心竞争 要求高，进取心强 果断 目标明确坚定 意志坚强	争强好胜 攻击性强 喜欢控制，权欲重 傲慢 不容忍，偏执
外倾情感型	风 / 太阳	好交际 活泼好动，充满活力 情绪外露，喜形于色 热情，狂热 表现力强	轻率 急躁 异想天开 歇斯底里 情绪化
内倾情感型	土	喜交际 小心谨慎 有胆量，有勇气 有同情心 冷静	顺从，无主见 轻信 固执 容易受人摆布 不招眼，默默无闻
内倾思维型	水	小心 细致认真 深思熟虑 喜欢探询 爱动脑分析	拖拉，磨蹭，慢性子 冷漠 多疑 优柔寡断，犹豫不决 拘谨，矜持

随书附赠精心设计的转盘图谱使您对希腊神话中不同女神的性格一目了然。

您，亲爱的女读者，在您阅读了这八个女神的故事，了解了她们的命运之后，就能够知道自己的性格归类，并能从中推导出您成功的人格策略。

希腊女神人格分类转盘以及现代相应的类型

我们先对希腊神话中八个著名的女性形象做进一步的探讨：美狄亚、喀耳刻、阿佛洛狄忒、缪斯、普赛克、阿耳忒弥斯、雅典娜、亚马孙女人。我们运用的是荣格的分类法。要论及下面几个部分：

- 本性
- 原型
- 生活的动机／价值观和目标
- 恐惧
- 阴影
- 感情状况
- 在生活中的定位
- 职场运势
- 爱情运势

看过转盘图谱，您就会获知，哪一类人格与您最贴近。这八个类型是按顺序描绘的，这样您就能认出自己的优势项和劣势项，并且能在转盘上确定自己的位置。也许您在定位时会在两个女性人物之间摇摆，或者您只想试着用用这个转盘。这些都可以，您可以随心所欲地玩儿，让它为您服务，它是您认识自我的一个工具。

几点建议：

1. 首先通读有关女神的神话故事。

2. 然后确定哪一种类型与您最贴切，哪一种类型您最喜欢。

3. 充分利用转盘图谱和后面的表格，以便确定自己的类型定位。

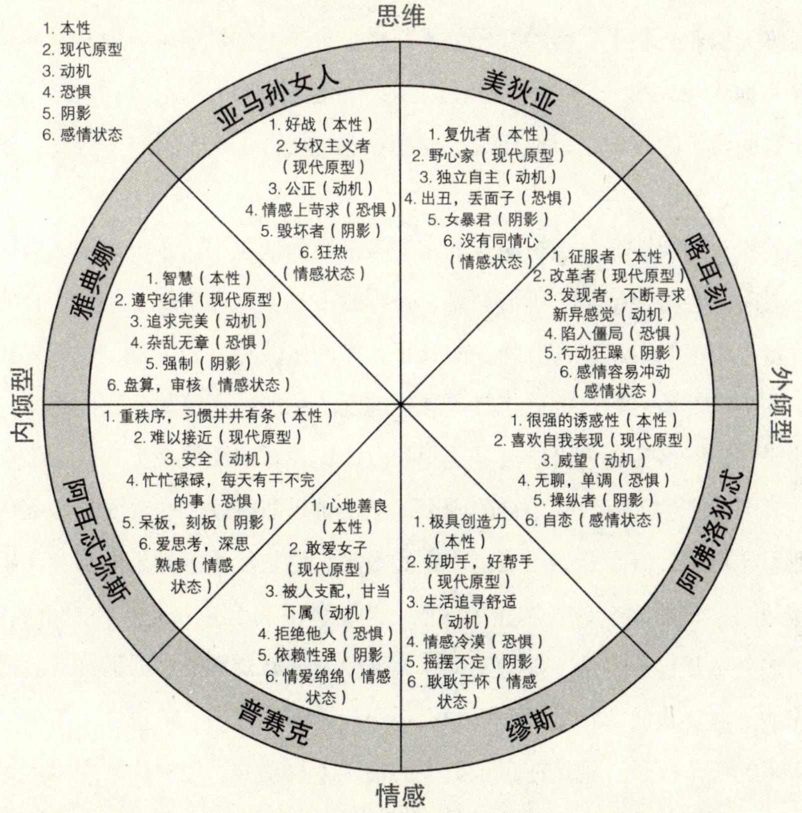

美狄亚的力量

神话故事

美狄亚是个法术高超、美丽强悍的公主，她的父亲是个残暴的国王。众女神选中她，让她去帮助被驱赶的王子伊阿宋找到解围的金羊毛，为了能顺利获得金羊毛，伊阿宋必须破解几乎无法解开的谜团。眼看他就要败下阵来，危难之中唯有一个女子能帮助他，她就是美狄亚。但是他怎么才能赢得她的支持呢？在古希腊神话中，遇到这种情况时，惯用的做法就是去请求厄洛斯（丘比特）的帮助，让他使用有毒的、甜蜜的爱情之箭，使她顺从。当美狄亚被箭射中后，她心中的爱情之火便燃烧起来，她真心爱上了伊阿宋，并全力相助。但是她的帮助有一个条件，伊阿宋必须海誓山盟，发誓永远对婚姻忠贞不渝。

最终美狄亚战胜了拦路的众怪兽，获得了金羊毛。伊阿宋心里非常清楚，是美狄亚帮他化险为夷——他有点儿爱上她了。他遵守了诺言，娶了美狄亚为妻。在这位聪明妻子的陪伴下，他在家乡建功立业，获得了一个又一个成就，这样美满的日子长达十年之久。

而美狄亚的女性角色也扮演得非常完美。她为他生了孩子——毫无疑问，他们有一段时间过得很幸福。可俗话说，是祸躲不过。这时出现了一位年轻的、柔弱的、看上去很温柔、很需要呵护的女子，她叫格劳克，为了她，伊阿宋违背了诺言，欺骗了妻子，与这位更年轻更妩媚的女子私通。不仅如此，他还想与美狄亚解除婚约，娶格劳克为妻。这是他犯的致命错误。由此他在美狄亚这位女权势者的心灵中，产生了巨大的不祥的阴影，迫使她采取行动。心灵受到极大伤害的美狄亚忍无可忍，终于开始了攻击。在她看来，这是复仇。她表面同意离婚，并送给情敌一件华丽的金色长袍作为嫁衣。当格劳克将金色长袍穿在身上的时候，熊熊火焰突然升起，将她、她的父亲和大部分亲朋好友残酷地活活烧死。但是这远远无法治愈美狄亚那颗受了伤害的自尊心。她强压住内心的母性，杀死了她与伊阿宋生的三个孩子。她是在意识清醒的情况下行动的。而对伊阿宋本人，她刀下留情——但他永远无法摆脱悲剧命运的降临，不久便在自己酿成的事故中身亡。之后美狄亚坚定不移地继续走自己的路，在家乡赢得了王位。美狄亚世世代代都被看做法术神奇，力量强大的伟大巫师。值得注意的是，她在返家途中治好了大力士海格力斯的精神疾病，这位勇士曾因患妄想病杀死了自己的孩子。

我的眼泪止不住，

我在想，我现在必须做点什么。

我必须杀死我亲生的孩子们！

没有人能拯救他们。

我要伊阿宋绝嗣断后，
谋杀我的至爱会将我逐出国门……
孩子们啊，我为他而生，
他再也看不见他们活在世界。
那个新娘不会为他繁衍后代，
因为她即将死去。

——奥维德（古罗马诗人）《变形记》

21世纪的美狄亚

就像接下去要讲的其他神话故事一样，我们在此将美狄亚的所作所为用来作为隐喻。古代希腊神话中的人物形象个个被描写得鲜明有力，给我们展示了一个又一个富有人的感情、思维和行为的栩栩如生的模式。我们想将这些行为作为心理信息和素材来谛视，明确其象征意义，并且使它们成为可利用的因素，改善我们的职业和生活环境。现代社会的美狄亚精力过人，意志坚强，善于理智分析，具有永不妥协的铮铮硬骨。她的热情和激情超过了同情。她以自我为中心，只要他人平等对待她，她就是交际能手。但是，谁欺骗了她，就必须留神提防，因为她会加倍以其人之道还治其人之身。她有强大的男性能量。她坚定不移，犹疑不多，行动迅速、明朗、勇猛。她是个知道她能做什么，知道她的价值是什么的女企业家。她的父亲也许很严厉，早就告诉过她，在一个男性主宰的世界里，软弱的女性是很危险的。美狄亚重视受到良好的教育，并能与给予她帮助的人建立合作关系，而对那些伤害她的人毫不留情，坚决消灭。

生活动机／价值观和目标

美狄亚的生活动机就是获得自身成功。她想拥有权力、独立自主——其他人应该了解这一点并给予尊重。她需要外界认可，并为此做出努力。她属火象，只要她深思熟虑确定了方向，她就能成为一个卓有成效的大企业家，一个成果累累的女强人。

恐惧

美狄亚恐惧的是失去控制，蒙受“丢面子”的耻辱。她无法忍受一辈子碌碌无为，无法忍受输给他人，更无法忍受被欺骗。如果受到伤害，那么她的愤怒和报复心比其他的女人要强得多，但亚马孙女人除外。由于美狄亚热情似火而又缺少同情心，因此她在遭到伤害时，很难做到克制自己和宽恕别人。

阴影

这位强大的女权势者的阴影是一个怒气冲冲的女暴君形象，她毫无顾忌，肆无忌惮地我行我素，走自己的路。她不重视自己的健康状况或是社会关系。美狄亚为了让丈夫断子绝孙而杀死亲生的孩子，这一举动具有象征意义。它表示，如果事情关系到个人事业，她在采取行动时，完全可以将本人要经受的痛苦抛在脑后。现代美狄亚也如此，她绝对不会计较为取得成功所付出的代价。美狄亚式的炽热能量可以使一位女子为了个人的事业完全忘记自己，忘记一切，忘记身后为此要付出的一切。无论是伴侣，还是朋友，甚至自己的健康都可以抛到九霄云外。只要她想干什么，那么她就全力以赴，志在必得。

感情状态

美狄亚并非是一个温和、亲切、软弱的领导。在荣格的分类中，她属外倾思维型，内质在分析思维。内倾型的体察和感同身受的性格特征与她不沾边。她没有兴趣与情感打交道。如果感觉有点儿不对，她的第一反应就是暴跳如雷。她试图对生活进行逻辑化的解释。她防御的第一机能是合理化。她会从每个境况中找出积极的因素，注重利益好处。如果她陷入困境，她首先短暂地考虑一下，她该干点什么，然后就行动——很多时候这么做是不妥的，但是她想：“宁可作出一个错误的决定，也不要犹疑不决。”她的原则是，如果期望得不到回报，她是不会付出的。就像美狄亚，只有在伊阿宋答应娶他为妻后，她才帮助他。

在生活中的定位

在生活中她的位置更适合在职场中，而不是在家中。她喜欢名誉威望，总想当老大。她不喜欢当配角，或者退居幕后当贤妻良母。要是真的那样，她会大为恼火，气势汹汹。

职场运势

由于她有很高的能量和重新收回自己对感情的能力，因此无论哪个领域，只要是能在竞争中证明自己，她都有很好的事业前景。她可以治愈在妄想症发病时杀死亲生孩子的大力士海格力斯，但她却不能做到抚平自己易冲动的感情。

爱情运势

这类人的最大强项也是她最大的弱项。美狄亚勇往直前，不留情面，充满活力，不会左顾右盼的果断性格虽然使她有可能在职场上事业有成，迅速飞黄腾达，但对她的健康和私人生活却起着负面影响。与美狄亚一样，属火象的人几乎都不重视自己的感情，也一点儿不重视他人的感情。他们超然处置。美狄亚的目标是成功、独立自主和名声。设想现在有一位男子遇见了她，厄洛斯手持爱情之箭站在附近，这种场面对于美狄亚来说意味着问题和麻烦的开始。她井然有序的可控生活一旦被打乱，就会晕头转向，不知所措。通常她靠自救摆脱自己感情上出现的错误和迷惑，方法就是避开那些她的的确确可能爱上的男人们，宁可满足于“不危险”的情人，或者嫁给一个在感情层面上走得不是太近的“好朋友”。纯粹火象类型的人并非真正需要一个男人的亲密和安全感，她更需要的是比她强大的男人的支持，使她更好地行使权力，登上最高的领导地位。埃及艳后克娄巴特拉[①]就是这个类型的一个范例。

---

① 克娄巴特拉（Cleopatra）指克娄巴特拉七世，又译克丽奥佩托拉七世、克利欧佩特拉七世（约前 70 年 12 月或前 69 年 1 月—约前 30 年 8 月 12 日），是古埃及托勒密王朝的最后一任法老，也就是后世所熟知的“埃及艳后”。

倘若厄洛斯没有用他的神箭射伤美狄亚，倘若美狄亚从未心甘情愿地委身伊阿宋，一切悲剧就不会发生。这类女性其实比其他女性更害怕走入情感和对男人的依赖之中。

美狄亚一览表

元素	火
心声	“你从来不能容忍。”
动力	复仇
最高目标	主宰，支配。
人格特征	没有耐心，高能量，精力充沛。
优势项	具备有效完成任务的能力，性格刚强。
陷阱 / 误区	“只有我一个人能办到，其他人与其说想利用我，不如说想伤害我。”
冲突可能性	当她受到诈骗，或者欺骗时，当她看不到结果时，就会发生冲突。
对压力的反应	好斗，攻击性强，倔强。
天然的成功策略	她非常清楚她的目标。 她认真仔细地做准备。 她清楚地知道，她想付出什么代价。 她从不找借口。 她态度鲜明，办事果断。 她从来不会犹豫不决。 她利用她的不耐心，给谈判对手施加压力。 她比其他人动作快，因此给人制造了压力。 她知道，什么是她最好的选择，什么是最坏的选择。
需要学习的策略	请您给其他人一个机会。 请您认真有效地倾听他人意见。 请培养您的移情能力。 要通过设身处地换位思考，展示您的同情心。 要敢于敞开情感，敢于承认弱项。

充满诱惑力的喀耳刻

神话故事

美丽的女神喀耳刻是太阳神的女儿。她无忧无虑地生活在一个小岛上，是小岛的统治者。她属于火象＋风象／太阳星座。她酷爱用她的方式饲养和驯服野生动物。

有一天，奥德修斯和他的水手们误入了她的小岛。起先，她用美味佳肴款待水手们。但不久，她就心血来潮，用变形术将奥德修斯的手下变成猪，并且将他们与其他动物圈养在一起。

众神的信使赫尔墨斯警告正在寻人的奥德修斯，要提防女巫喀耳刻。他给了奥德修斯防身的神草，有了它，喀耳刻的魔法在他身上就不起作用了。于是奥德修斯做好了一切准备，然后敲响了喀耳刻的家门。喀耳刻高兴地让他进屋。心里却暗暗窃喜，因为她又可以玩玩她拿手的把戏了。但由于奥德修斯早有防身的神草，因此她未能将他变形。一计不成，她便采取另一个诡计——美人计。而这一妖术也未达到预期的效果，反而让自己对奥德修斯产生了爱意。她强烈地爱上了这位水手。她用不上法力，便靠着心力和风骚展开了对奥德修斯的诱惑。奥德修斯无法忍受失去同伴的悲痛，为博得他的欢心，她便将他的手下又变回到人。他们相亲相爱地共同生活了一年。后来，奥德修斯想起对他忠贞不渝的妻子帕涅罗佩正在家里苦苦地等他回去，他心情沉重，依依不舍地离开喀耳刻，踏上了回家之路。喀耳刻哭着放他走。也许她的心情此时也有些轻松，因为她又可以回到自己的生活中去了，在期盼乘船遇难者到来的快乐中继续生活——她毕竟是个女神。

21世纪的喀耳刻

21世纪的喀耳刻属女性征服者类型。火象和风象／太阳混合的星座使她精力充沛，并能轻而易举地将生活掌控在自己手中。她轻轻松松地升迁发迹，就像玩儿似的。无论在职场上还是在私人生活中，她总能有时间去恋爱，与男人们打情骂俏。对这两个领域她没有严格的区分。她知道她要奔赴的方向，成功对她来说是很重要的——她清楚代价是什么，只要不牺牲自由，她什么代价都愿意付出。在她眼里，多样性、快乐、名望与得到认可一样重要。这类人往往都有强大的父亲做背景，从长辈身上完全可以证明，其女会有多成功。

生活的动机 / 价值观和目标

生活中喀耳刻的主导动机是，亲身感受，同时尽可能多地去切身经历。她是一个冒险者，总想向其他人展示她有多棒，多精明能干。如果他人没有任何反应，她就觉得非常扫兴，将其他人变成猪①。

恐惧

喀耳刻的最大恐惧是当众出丑。另一个恐惧是寂寞、空虚和无聊。她担心虚度年华，不能利用所有机会。这也可以解释为什么她最终会放走奥德修斯。因为她知道，每一个失去之后就会出现一个新的挑战。她追求爱情和向往自由之间的矛盾心理在此表现得淋漓尽致。

阴影

这个诱惑者的阴影是一个狂躁急躁的行动者形象，她拿起魔杖就把他人变成猪。行动中她以自我为中心，对个人受到的每一个伤害都还以报复。

感情状态

由于她属火象和风象 / 太阳混合星座，因此她的感情状况为外倾型，也含有热情和轻浮的成分。她热爱丰富多彩，无所不可的生活。她感情冲动，并比其他人更有手腕。

---

① 德语口语中“她把其他人变成猪”，意思是：她就臭骂他人。

在生活中的定位

她在生活中的位置更多的是在职场上，而不是在个人的空间中，但在个人的发展和培训方面很强势。

职场运势

由于她属易怒的外倾情感和思维混合型星座，所以她适合在营销部门等能施展交际能力和谈判技巧的领域。她擅长以轻松愉快的方式迎人而上，并引诱对方与她一起走一条新路。如果现代的喀耳刻能对自己的优势和弱势项进行反思，有个清醒的认识，那么她也能成为一个优秀的领导者。她完全可以有这个野心。她对事情的计划不善细致到位，因此她需要好的同事或雇员，由他们接过繁琐细致的组织工作。她要找的这类雇员们应该具备她缺失的水象性格——千万不能像她那样大大咧咧，无忧无虑。

爱情运势

喀耳刻爱生活，也爱男人。在男人的怀抱中她能最强烈地感受到她的存在感和女性魅力。如果有人问她："比男人好的是什么？"她很可能回答："两个男人。"她是个女神，忠于爱情对她来说是很困难的。除非她找到一个使她入迷，真的一见钟情的奥德修斯式的男人。喀耳刻的爱情之火不能坚持燃烧一生，她酷爱换口味，变花样，她热爱的是爱情本身。

喀耳刻一览表	
元素	火和风
心声	"享受生活给你的一切！"
动力	发现
最高目标	以良好的个人形象出现，自我展现。
人格特征	求知欲强，有虚荣心，好奇心强。

续表

优势项	乐观，有魅力，灵活，应变能力强。
陷阱 / 误区	“不会有人真正地爱上我，因此我不会让自己陷得太深。”
冲突可能性	当在职场或私人生活中感到无聊时，可能产生冲突；要完成不断重复和有许多繁琐细节的任务时，可能产生冲突。
对压力的反应	很容易厌倦，不耐心，攻击性强。
天然的成功策略	她好交际和乐观。 她很和蔼可亲和活跃。 她工作内行，讲究效率。 她能很好地激发他人的积极性。 她善于充分地展现自己。
需要学习的策略	请很好地平衡您的感情和您的思维。 让自己有更多的时间休息。 要给事情处理留出余地。 不要把自己与其他人比较。

阿佛洛狄忒的魔力

神话故事

阿佛洛狄忒是在海浪的白色泡沫中出生的，她有着最完美的身段和相貌，是爱与美之神。她的丈夫是其貌不扬的瘸腿匠神赫准斯托斯，她并不忠于这一婚姻。在与各种不同男人的风流韵事中，她尽情燃烧着炽热的情欲，这一切并非是在悄然之中进行的，而是十分公开的，神界无人不知。每次寻欢作乐都是她美丽和情欲的一次展示。她还帮助所有相爱的人，包括那些为爱而放荡不羁的情侣们。她惩罚蔑视他们的人。她的行为既打上了宽容的神性烙印，又富有自我陶醉的色彩。她追求的男人，并非因为自己真的爱上了他，而常常因为这种关系可以加强她在奥林匹斯山的地位，或者干脆就是为了享受自身的魅力。美少年阿多尼斯是她的至爱，但是这份真爱却实现不了，除非下地狱，因为在她委身于他之前，阿多尼斯就死了。她与战神阿瑞斯虽然生下了小爱神厄洛斯，但是他们的关系也维系不久。她更热爱的大概是他战神的强大地位，而不是他本身的品性。在他们之后，相继又有数量众多的男人在她枕边来去匆匆。在与男人交往上她与喀耳刻很相似，但在对待爱情和神政上，她的方向和目标性都比喀耳刻差。

21 世纪的阿佛洛狄忒

21 世纪的阿佛洛狄忒是一个热爱生活的女士。她认为，自由和独立是至高无上的，因此她全力捍卫。但她不像亚马孙女人拿起刀和箭，而是采用女性的计谋和手段去“战斗”。她是个强大的诱惑者，与喀耳刻一样是个有力的操盘手。她有创意，行动迅速，干事麻利，有野心，常以浪漫主义者的眼光，过分乐观地看待许多事情。谁不喜欢她，或者谁让她当众出丑，企图在生活的舞台上使她相形见绌，阿佛洛狄忒就会点燃她的火爆脾气，也可能燃起复仇火焰。

生活的动机 / 价值观和目标

她的最高目标是自我实现和自我表现。她想靠自已获得经验，永远不断地去感知新鲜事物，在不同前景的各种不同的角色中去积累经验。她要显显身手，玩一玩和试一把。

恐惧

她害怕由于失去外界的认可而沉沦在每日的忧郁悲伤之中，更让她恐惧的是，到头来会沦为平庸之辈。

阴影

这位出色的诱惑者的阴影图像是一个沉浸在自我陶醉中追逐目标，而将更多的目光投向外表，而不是内在的有力操盘手。

感情状态

她的情绪在震天的欢呼声和郁郁寡欢、悲痛欲绝的大起大落间波动。而她千方百计，设法在每一次爱情的苦闷和烦恼中获得小小的盈利，尽管为此要在其他舞台上饱尝痛苦。谁伤害阿佛洛狄忒，她就会欺骗谁。她不会像亚马孙女人那样为争取自己的权利去斗争，这不是她的风格。只有当她像灵魂女神普赛克那样找到属于自己的真爱时，她才有能力表达她的真实情感。

在生活中的定位

属于太阳星象类型的人恨不得能有分身术，同时到处露面，参加活动。阿佛洛狄忒追求事业的成功，想去世界各地开开眼界，想被许多男人宠爱，如果有可能，在本地或者在外地找到一个家。

职场运势

阿佛洛狄忒适合在艺术和交际行业发展事业。她喜欢多样性。虽然她能以满腔热情献身事业，但是她不喜欢处理细节。她的职业角色扮演得生动迷人，就是在世界的舞台上，她也是个表演高手。得到外界认可，获得掌声和喝彩声对她来说是非常重要的：如果她必须独自坐在实验室里，那么她会很快“越狱逃走”。

爱情运势

由于她渴望“变换口味”，所以她不会那么快就进入谈婚论嫁这一步。只要她在表面能认可的诱惑力和内心深处爱情能力之间游荡，对她来说在个人情感生活中找到安宁和幸福就很困难了。她将这份繁忙都用到她的职场上去了。

阿佛洛狄忒一览表

元素	风 / 太阳
心声	“生活中的所有可能性我都想去尝试。”
动力	威望，受到尊重。
最高目标	众望所归和得到外界认可。
人格特征	乐观，过于乐观，灵活，应变能力强。
优势项	口头表达能力强，移情。
陷阱 / 误区	“你所以被人爱，只因为你在生活中扮演的就是这个角色。”
冲突可能性	生活境况没有希望得到改变时，可能会产生冲突。
对压力的反应	不慎重，轻率，无组织的。
天然的成功策略	她能说会道，而且很乐观。 她有主观能动性，开放，乐于接受新生事物。 她宽宏大量，想改变世界。 她对风险和冒险无所畏惧。
需要学习的策略	请将更多的平衡和安宁带进您的生活。 请对您所拥有的知足吧，知足者常乐。 为了付出您要学习付出，为了爱情您要学习爱情。

极具创意灵感的缪斯女神

神话故事

缪斯女神们是宙斯和提坦记忆女神谟涅摩叙涅的女儿。谟涅摩绪涅这个名字本身的意思就是“记忆”。缪斯女神是所有伟大艺术家的好帮手，她们最能激发艺术家的创作灵感，创造想象的无限空间。九位缪斯女神每人分管一类艺术，她们不仅赋予灵感，而且也捍卫艺术。她们个个嫉妒心都很强，还喜欢争吵，特别当有人狂妄自大。不自量力地要与她们的艺术一比高低时，一场激烈的舌战便不可避免了。比如当海中女妖声称，她们的歌声更美时，缪斯女神们便群起而攻之。

21世纪的缪斯

当代著名的缪斯像露·安德烈亚斯·莎乐美[①]，她不仅激励了尼采、里尔克，而且也深受弗洛伊德的赏识。还比如萨尔瓦多·达利[②]的妻子加拉·达利等。在企业中工作的缪斯们是忠实可靠的助手，在幕后出谋划策，激励和引导着她们的上司。她们的能力超群，但对是否能坐在第一排，即职场地位的高低并不大感兴趣。

生活的动机 / 价值观和目标

缪斯们想好好过日子，在给她们带来快乐和充实的领域里发展自己。她们对权力和地位的兴趣不大，更多关注的是花样繁多、内容丰富有趣的任务。

恐惧

像这样的女性最害怕的是缺少应对冲突的能力。她情调很高，赞赏和认可对她很重要，也很容易对她造成伤害。由于她对应付冲突和矛盾的技巧一窍不通，所以面对冲突的反应是情绪化的争吵。单调惯常的节奏或者一成不变的压力都会使她觉得心里发毛，不踏实。

阴影

这种单纯情感类的女性的阴影图像是，被自己的情绪所淹没，完全陶醉和迷失其中。她缺少疏导情绪的天赋。

---

① 露·安德烈亚斯·莎乐美（1861—1937）：是一位征服天才的女性。她是俄罗斯才华横溢的作家、特立独行的女权主义者，19世纪晚期欧洲大陆知识沙龙所共享的“玫瑰”。她把人生最后的25年都献给了精神分析，贡献了许多价值非凡的论文，并进行了具体运用。

② 萨尔瓦多·达利（1904—1989）：西班牙超现实主义画家和版画家。与毕加索、马蒂斯一起被认为是20世纪最有代表性的三个画家。他的妻子加拉（1894—1982）出生在俄罗斯。达利有许多宗教题材的绘画作品，但仍探索性爱主题，并让他的妻子成为这些题材的中心形象。

感情状态

缪斯感情单纯。无论雅典娜在哪里思考、分析和制订计划，缪斯都能凭直觉猜到。而当今的商海为有这一才华的人提供的空间少得可怜，所以人们有时几乎有眼无珠，不识缪斯。缪斯常常将她的感应能力藏在习俗和常规的一层层呆板的大墙后面。

在生活中的定位

缪斯甘居第二位，甘当配角。这样她既可以扮演相夫教子的妻子角色，又能充当勤奋助手的角色。她在劳动中其乐无穷，这份快乐又能激励她，使她在默默无闻中获得辛勤劳动换来的赞赏。

职场运势

缪斯并不想自己个人能飞黄腾达，她想支持协助他人获得成功，在工作中她不希望由自己承担全部责任。她理想的工作场所是有自由的空间和能带来快乐的工作。

爱情运势

缪斯是第六感女神，感情丰富。她们在个人情感幸福上有许多机会。她们属土象 + 太阳的星座。为了能真正感受到幸福，她们需要像普赛克那样有一个对象，并非一定是固定的伴侣，但重要的是，这位朋友能与她们分享经历。

缪斯一览表

元素	风和土（+ 照射在土地上的太阳）
心声	“我鼎力相助，并希望为此受到表扬和得到爱戴。”
动力	舒适，健康。
最高目标	融洽，助人为乐，尽情享受生活。
人格特征	宽容，重视私人关系。

续表

优势项	正直，有创造性，忠诚。
陷阱 / 误区	“我原本就不像其他人那样好。”
冲突可能性	在要她完成她感觉没有吸引力的任务时，容易发生冲突。
对压力的反应	屈从，耿耿于怀，自我同情。
天然的成功策略	她对人感兴趣。 她凭直觉就能知道，其他人需要什么，并能帮助他们从美好的方面去观察生活。 她慷慨大方，宽宏大量，而且是个热心肠。
需要学习的策略	您自己的需求与其他人一样也很重要。 请全力投入实现您自己的愿望。 不要让人利用您，或者操控您。

具有绝对爱情能力的普赛克

神话故事

普赛克是一个非常可爱的人间公主。她点燃了阿佛洛狄忒心中的嫉妒和愤怒之火，因为这位爱与美的女神打心里意识到这位公主具有出类拔萃的娇美容貌。她很快就觉察到，普赛克的美与她不同，是另一气质的美。于是她心生一计，派她的儿子厄洛斯（丘比特）去惩罚普赛克。然而让她万万没有想到的是，厄洛斯一见钟情，爱上了这个柔弱的少女。在她即将触礁时，厄洛斯救了她。他命令刮来一阵轻柔的风，风儿把她送进他居住的宫殿，在那里普赛克很快就沉入了梦乡。当她醒来时，她发现自己躺在一个神秘情人的怀抱中。丘比特每天夜里与普赛克相会。他浓烈地爱着她，在希腊故事中之前还从来没有一个女子像这样被爱过。他对她的唯一要求是，让她承诺，永远不看他的真面目。绝不能让任何人知道，作为爱神的他爱上了一个凡人。尽管如此，她觉得非常幸福，因为她也爱他，她对他除了爱，别无他求。

有一天普赛克的姐姐们来看望她。她兴奋地给她们讲述她非同一般，但充满神奇的爱情。姐姐们听了，也心生嫉妒。她们欺骗她，让她相信，她丈夫肯定是个怪物，否则不会对自己的身份和外貌如此保密。出于女性的好奇和猜疑，她将一盏油灯藏在床下。当丘比特熟睡后，她小心翼翼地点起灯，在灯光下她第一次看见了丈夫的容貌。她被他的英俊倾倒，她的爱情之火顷刻间化作不可遏止的欲望。她想紧紧地拥抱他，却不小心让滚烫的灯油滑落，烧伤了丘比特的臂膀。丘比特对她的猜忌非常不高兴，现在他必须带伤离开她——这是他的本性。普赛克留在宫里，她后悔莫及，知道自己错了，她为失去爱神丈夫伤心欲绝。

由于她背叛诺言烧伤丘比特，惹得丘比特的母亲阿佛洛狄忒将更多的怒火发泄在她身上。作为惩罚，这位嫉妒心很强的女神给她提出很多无法完成的任务。然而普赛克却都以奇妙的方式完成了，因为富有情感的生灵都赞赏她的可爱，每次都跑来给她意想不到的帮助。在完成每一项任务的过程中，她看到了重新找回丈夫的可能性，因此她毫不犹豫，义无反顾地去最危险的地狱，拿生命去冒险，这一切只是为了能重新投入到她最爱的人的怀抱。她的执着让众神感动了，就连宙斯本人在目睹了她的坚忍不拔后，也变得心软起来。于是他同意丘比特娶她为妻。在希腊的神话故事中有良好结局的很少，这个故事便是其中之一。

21世纪的普赛克

21世纪的普赛克具备部分土象特征，是个热情亲和的女士。这一潜能赋予她一种维系爱情关系的能力，人们很少能在其他类女性身上找到这样强大的能力。普赛克的爱情能力和对爱情的忠诚首先依赖于土象星座所蕴含的活力，或者说依赖于地母本身。普赛克一生只爱一个男人，她想有家，有孩子，并希望在婚姻和稳定中找到自己的幸福。她时刻准备牺牲自己的事业，回到自己的小家，为丈夫而活着。她从来不单独讲述自己，总是以她丈夫妻子的身份出现。

生活的动机／价值观和目标

她的生活动机和价值是在家庭的温暖怀抱中无微不至地关心照顾家人，相夫教子，和谐平安。她希望婚姻稳定和持久，对她所委身的男方也提出要求，要像她那样忠贞不渝。

恐惧

她害怕孤独，害怕被她所爱的人遗弃。另外她对过快的变化、忙碌和杂乱无章心存恐惧。

阴影

这位充满情爱的女子的阴影图像是一位依赖者。她面临的重大危险是，它刚强的爱情力量不是绝对的，无条件的，而是存在于被他人所爱之中的，并且她十分依赖他人的爱。为了维系情爱的状态，她要冒险去死死抓住对方，猜忌和监视控制对方。就像故事中的普赛克那样，想借助油灯去看看她心爱的人的面庞，试图捕风捉影地挖掘其实根本就不存在的秘密。

感情状态

属土象的普赛克是一个情商很高的女子，然而，她更喜欢将感情默默地保留在自己心中。她期待她的另一半能读懂她，能从她身上看出她有什么情感要求，她自以为："如果你像我爱你那样爱我，那么你就应该知道，我想要什么。"她在感情生活中常常觉得不快或不幸福，极有可能与此有关。因为可惜只有很少的男人具备这种爱的能力。

在生活中的定位

她的世界无论如何都是在家里。她不想抛头露面——尤其不愿独自一人面对公众。如果一定要做，她得为此付出极大的努力。

职场运势

只要丘比特一出现，并给她施展爱情的机会，普赛克的职业生涯就随之消失。在喀耳刻和阿佛洛狄忒对待的两性关系中，爱情并非是唯一的要素，或多或少带有导演色彩，但普赛克的爱情是绝对单纯和逼真的。在她看来，世界上还没有其他的感情能比她丈夫爱意绵绵的目光更有价值。男人们很喜欢在每个女性身上看到这种类型的特征——但是其实这类女性极少。只有那些在潜意识里有过“普塞克理念”的女子身上才能发现这样的特征。

爱情运势

如果她对自己的感情能冷静思考，并挑选一位像她一样忠于爱情的合适伴侣，那么她就有机会获得真正的伟大的爱情。这类女子的爱情陷阱是，她们爱上的男人往往是美狄亚爱的那类非常自私的人。不知什么时候，她们一觉醒来就会发现，她们对这类男人只是依赖，不是爱情。有时普赛克在失望之后会有个 180 度的大转弯，逐渐将自己改变成美狄亚，或者亚马孙女人，并以她们为标准改头换面，开始全新的生活。

普赛克一览表

元素	土
心声	“我被爱，因为我爱他。”
动力	关心照顾他人。
最高目标	从属，可控的坏境，很少的变化。
人格特征	遇到变化积极抵抗，害怕冒险。
优势项	坚忍不拔，持之以恒，真诚，有很大的爱情力量。
陷阱 / 误区	“我只有与另一个男人融合成一体，我才是完美的。”
冲突可能性	当要她做事，而忽视她的情感时，容易引起冲突。
对压力的反应	卑躬屈膝，屈从。
必然的成功策略	她很会关心照顾人，不挑剔。 她值得爱，很友好。 她能通情达理看待事物。 她具有调解的天赋。
需要学习的策略	要努力争取获得自己真正想要的东西。 要注意，永远也不能落到依赖他人的境地。 请为您的生活树立远大的目标。

循规蹈矩的阿耳忒弥斯

神话故事

阿耳忒弥斯是宙斯与提坦暗夜女神勒托之女，她的孪生弟弟是美丽的太阳神阿波罗。她的父亲宙斯是众神之王，有权有势。在天后——宙斯之妻赫拉的眼中，勒托是一个爱吵架的后母。宙斯风流成性，而阿耳忒弥斯只是其中的一个"野果"，所以赫拉对她的爱是很有限的。她生活在与赫拉和众人簇拥的阿波罗的不断竞争之中。她的本性为水和土，是情感和理智的结合。男人们追求她，而她却不愿结婚，厌恶被禁锢在婚姻中受丈夫支配的观念。她的兄弟阿波罗对她严加守护，但又嫉妒她的贞洁。她一生中只爱过一个人，就是常与她一起打猎的朋友奥赖温，是他赢得了她的芳心，但却惹恼了阿波罗。醋意大发的阿波罗想出毒计，引诱她落入圈套。他要求与她进行射箭比赛，唤起她的好胜心，用激将法对她说，远处海面上有一个小黑点，她肯定射不中。阿尔忒弥斯二话不说，从箭壶中抽出一支利箭对准目标射过去。不出阿波罗所料，箭不偏不倚正中小黑点。然而，这个小黑点却是奥赖温的脑袋，当时他正在海面戏水。当阿耳忒弥斯把冲刷到陆地的奥赖温的尸体打捞到安全地带时，她呼天喊地，悲伤欲绝。她给予她心爱的人最后的帮助是：请求宙斯将他提升到天界。今天人们依然可以看到作为猎户座出现在天际的被爱的猎人——一个女人好胜心的牺牲者。阿耳忒弥斯此后再也没有恋爱婚嫁。她用她的理智献身于她所分管的任务；有时她难免有些精神苦恼和愤世嫉俗。

21世纪的阿耳忒弥斯

今天的狩猎女神总是在寻找解决情感和理智矛盾的方法。她很想敞开自己的情感世界，但又害怕陷得太深，于是就这样在愿望和担心之间犹豫不决。

生活的动机 / 价值观和目标

阿耳忒弥斯喜欢秩序和条条框框。她不愿使自己遭人批评，所以凡事都一丝不苟地照章办。

恐惧

她最恐惧的就是必须当机立断。她害怕与办事不理性的人打交道。为了把事情办出色，她需要时间。

阴影

阿耳忒弥斯的阴影图像是直勾勾地盯着自己设定的那些条条框框。一旦要屈从，就产生强迫性的行为，她会变得执拗、郁闷和不满。

感情状态

她的情感始终处于矛盾之中。她想施展爱情能力，又惧怕沉迷爱情之中，始终在矛盾中摇摆不定。她深知一个人的情感能达到什么程度，但是她认为不确定性所隐藏的风险更大。所以在她本该行动时，却都犹豫不决了。

在生活中的定位

生活中她最愿意在她感觉最安全的地方找回自己，因为对她而言，安全是生活质量的基础。这一点无论对她的个人情感还是职业生涯来说，都是重要的基石。

职场运势

她在有严格的规章制度和操作指南的工作场所最能获得成功的机遇，因为在那里她可以放心地甩开膀子大干。比起创造性，她更喜欢合法性。

爱情运势

她的主要任务是给自己僵化了的种种限制松松绑，软化一下古板的个性。这样她才能成为一个可靠、忠诚和幸福的女伴侣。如果她不改变她的固执，那么她那种循规蹈矩、尖酸刻薄的判断事物的方式，不仅会让自己，也会让她周围的人饱受痛苦。

阿耳忒弥斯一览表

元素	土和水
心声	“当心。”
动力	安全感
最高目标	规范性，秩序。
人格特征	分析型，井然有序。
优势项	尊重事实，合乎逻辑的论证，做事有条理。
陷阱 / 误区	“我只能做到要么理性，要么感性。”
冲突可能性	当要她完成未经实践的任务时，当其他人总是要改变她的意见时，可能会有冲突。
对压力的反应	忧虑，胆小，收集详细信息。
天然的成功策略	她很忠实，对家人和朋友充满信任。 她做事认真负责。 她工作肯吃苦，要求严，并且会组织安排。 她善于思考，有才智，有见解，有条不紊。
需要学习的策略	请学会相信自己的决定。 别害怕出错误。 请平衡您的情感和理智。

勇敢智慧的雅典娜

神话故事

雅典娜出生时的与众不同使她在众神中占有不同凡响的地位。她是披坚执锐、全副武装地从她父亲裂开的头颅中跳出来的。雅典娜是掌管智慧和战争的女神。她永远是她圣父最爱的女儿。宙斯给了她无与伦比的爱，其他的女儿都不能与她相比，这给了她权力和力量。由于她不想拿这种男性化的权力去冒险，所以她对父亲一直忠心耿耿。在雅典娜的生活中没有其他神，更没有尘世凡人的位置。但她庇护人和神。她对聪明的人以及不同寻常的、出类拔萃的才子特别有好感，例如奥德修斯和阿喀琉斯（荷马史诗中的英雄）。但她从不谈恋爱。这是否因为她过于聪明，或者缺少应该从母亲那里获得的温暖，我们不得而知。她保持着年轻女子的贞洁，她没有自己的孩子，她按照父亲的意志生活。作为回报，父亲对她的智慧和勇敢大加赞赏。因此就出现了这样一个现象：智慧神是女性，但她的智慧不是从母亲，而是从父亲那里传承下来的。雅典娜富有正义感和睿智，没有人能像她那样对战争的进程运筹帷幄。她从来不会像亚马孙女战士那样富有战斗的激情。只要她战斗，例如反抗阿瑞斯和阿波罗，那么她就志在必得，一定要取胜。她属清凉理智的水象。她从来不会受情感力量的驱使，她事事都计划周密，有条不紊，时刻保持着冷静、镇定自若和满怀胜利的信心。

21世纪的雅典娜

她难以接近，非常严肃，一丝不苟地从事着她的职业。她在全力以赴做一件事时，从不会失去总览全局的能力。她运筹帷幄，机警巧妙地在男人们的权力相争中周旋，为自己赢得一席之地。她仔细研究事实真相，每个细节都不放过，总想打破砂锅问到底，事事要搞清，因为这样会给她自信。她不需要家庭，只需少量可靠可信的知心朋友。

生活的动力 / 价值观和目标

她生活的动力是，想全面透彻地了解事物。这里有挑战，意向和她自身强大的力量。

恐惧

她最大的恐惧是怕惹人笑话，或者被淹没在他人乱七八糟的情感之中。这种状况的改变也许只能在拨云见日、弄清真相的过程中缓慢进行。

阴影

她的阴影图像是强制。当她的性格完全显示出清冷的水象特征时，跟她待在一起就没什么意思了。她对一切都太认真，使周围的人感到太费神、太累。

感情状态

她情感冷淡并且稳重。情绪不会大起大落。她好思考，分析，试图理解生活。心中只有很少的空间留给情感，极少浪漫，或者去爱另一个人。

在生活中的定位

她的位置是在她的职业生涯中，或者在她的科研工作中。丈夫和家庭对她来说都不那么重要。

职场运势

她最有希望获得升迁机遇的是那些很少与人交往的职业。她是天生的科学家、研究者或是政治家。

爱情运势

她需要的私人空间很少。一旦有了，会感到很惬意——但不那么重要。

雅典娜一览表

元素	水
心声	“你必须做对。”
动力	完美
最高目标	分析和弄懂事物。
人格特征	分析，从过去的事情中吸取有关经验。
优势项	逻辑论证，以事实为导向。
陷阱 / 误区	“谁也不相信。”
冲突可能性	事情来得急，必须立刻作出决断时，可能引起冲突。
对压力的反应	忧虑，陷入僵局。

续表

天然的成功策略	她能客观地看待生活。 在困境中她能保持沉着，冷静，待在幕后，不露面。 她不看重地位，觉得这不是很重要的。 她做她认为正确的事，不受其他人的影响。
需要学习的策略	与社会互动对提高您的人格很重要。 请消除对其他人的偏见。 不要总是经常地试图在智力上超越他人。

不屈不挠，坚不可摧的亚马孙女战士

神话故事

生性好战，以厮杀为嗜好的亚马孙女人部落生活在希腊文明世界的边缘。战神阿瑞斯是她们女王的父亲。这个部落以其残酷的习俗闻名遐迩：女人们找男人，只是为了繁衍后代。如果出生的是男孩就杀死，或者扔到边界上，让其自生自灭。如果生下女孩，则养育成人。为了拉弓射箭不受影响，成为最好的弓箭手，她们不惜将右边的乳房烧掉。

在男人的世界里，一方面她们被看做对父权制社会秩序的一个威胁；而另一方面，因她们个个妩媚娇艳，非常性感，也使男人们垂涎欲滴。一个在战场上可能是棋逢敌手的有吸引力的女子，对男人们的诱惑力更大。所以大英雄们无论如何也要与亚马孙女战士们较量较量。亚马孙女王彭忒西勒亚与美狄亚的命运一样，在恋爱的一瞬间便失去了她的权威和力量。有文献记载了这个光彩夺目、楚楚动人的彭忒西勒亚和半神阿喀琉斯的故事。后来阿喀琉斯之踵的故事更为众人所知[①]。尽管两人相爱，但是彭忒西勒亚和阿喀琉斯必须在战争中作为敌对双方相互

① 阿喀琉斯，是凡人泊琉斯和美貌仙女忒提斯的宝贝儿子。忒提斯为了让儿子练成“金钟罩”，在他刚出生时就将其倒提着浸进冥河，遗憾的是，乖儿被母亲捏住的脚后跟却不慎露在水外，全身留下了唯一一处“死穴”。后来，阿喀琉斯被赫克托尔的弟弟帕里斯一箭射中了脚踝而死去。后人常以“阿喀琉斯之踵”比喻这样一个道理：即使是再强大的英雄，也有致命的死穴或软肋。

残杀。战争的残酷最终导致阿喀琉斯将他至爱的亚马孙女人杀死，由于悲痛他几乎失去理智。

21世纪的亚马孙女人

她是好斗的女权主义者，在今天对于男人们还构成威胁。她知道她想做什么，而且从不妥协。在职场中她懂得如何贯彻自己的意图来取得胜利。爱情生活对她来说并不那么重要。

生活的动力/价值观和目标

现代亚马孙女人决心献身事业，为一个目标而生活。在所有女性人物中，只有她的思维是最男性化的。但这并不意味着她看上去没有女人样。她孜孜不倦地追求独立和公正。也许她会以女权主义者的身份出现，在一个男人们从事的行业中，她也可以成为其中的佼佼者。家庭和孩子对于她来说只是次要的。

恐惧

她最恐惧的是，在自己的战场上遭遇失败，并且在混乱中丧失了总览全局的能力。

阴影

强大的女战士的阴影图像是一个无情的毁坏者。无论在什么地方，只要女战士心中燃烧着怒火，为一个她认为值得献身的事业战斗时，这个毁坏者就会用疯狂的仇恨将挡在她路上的一切障碍消灭掉。但这一满腔怒火既可能危害她自己，也可能危害她周围的人。

感情状态

亚马孙女人富有激情和热情，但始终都很审慎。她生活在思维和行动中，而不是感情中。

在生活中的位置

她的定位是在职场上，在她所献身的事业中，她的能力可以得到尽情的发挥。而她的私人生活，朋友甚至爱情都被她放在次要的位置上。

职场运势

由于她方向明确，工作能力强，因此 21 世纪的亚马孙女人在所有有盈利的职业部门都有很好的上升机会。她善于分析，也善于转化。她奇思妙想，富有智谋，就是在恶劣的环境中也能勇往直前。也许她更适合从事那些更多地与事，而不是与人打交道的职业。她宁可当叱咤风云的女企业家，也不当仁慈的女护士。

爱情运势

个人的情感生活和幸福对于现代亚马孙女人是次要的。她选择男人时，更追求实惠型的，而不是浪漫型的。

亚马孙女人一览表

元素	水和火
心声	“为你的事业战斗，直到最后。”
动力	胜利，盈利。
最高目标	追求一流
人格特征	高标准的自我批评，需要权威。
优势项	经济效益和完美。
陷阱 / 误区	“世界，特别是男人们都是敌人。”
冲突可能性	所处理的事情要接触无能的人时，冲突不可避免。
对压力的反应	过分挑剔，不耐心，悲观。
天然的成功策略	自律和理智。 她具有很高的责任意识。 她标准高，有很高的道德观念。 她喜欢不遗余力地付出。

续表

需要学习的策略	放松自己，笑口常开。 您也要允许自己犯错误。 不要以为地球少了您就不转了。不用总是要求自己那么完美无缺。

练习

定位——哪类希腊女神的性格跟您最匹配

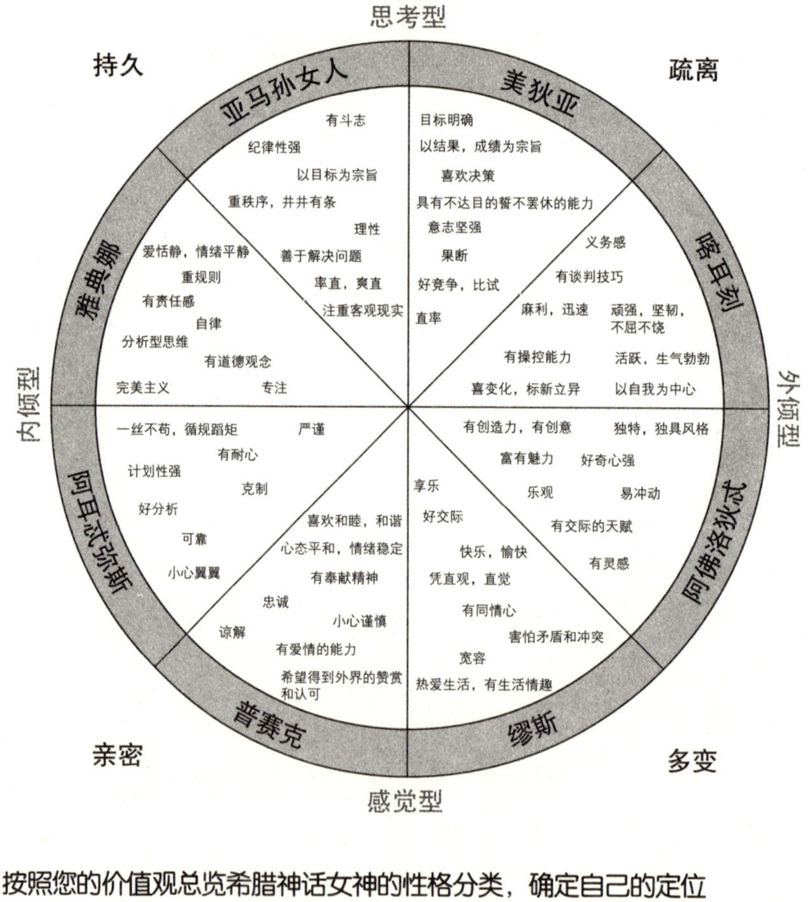

按照您的价值观总览希腊神话女神的性格分类，确定自己的定位

请您在上面的图表中选出最适合您的 15 项性格，并用下画线标出。在八个类

型中，您在哪一类型中画线的项目最多？

您自己的人格神话

请在下面的转盘中标出您自己的位置，并将适合您的所有性格分别写进去。也许您会发现，您的性格特征出现在好几个类型中。重要的是，您发现了哪些是您比较强的能力。

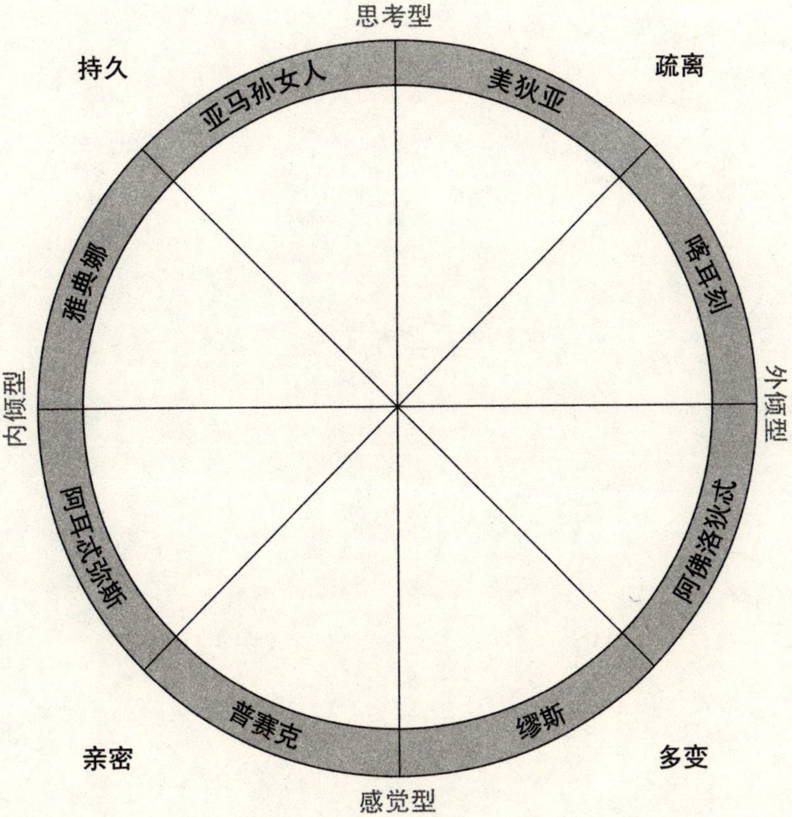

女性教育：
父亲们和母亲们

3. 给我们的生活打上烙印的模式

雅典娜全副武装地从宙斯的脑袋里蹦出，阿佛洛狄忒出生在海浪的白泡沫中，美狄亚是一个野蛮国王的女儿，只有普赛克是彼此相爱的父母所生，并由他们抚养长大。这难道只是偶然？还是出身和教育对一个人将来的爱情和职业生活都有着决定性的影响？心理学家一致认为，遗传基因和教育都会给我们的未来人生打上重重的烙印。这里我们暂且不考虑遗传的因素，而转向探讨儿童时期的经历对一个人的影响。

对孩子早期的影响作用于他的一生

发展心理学家告诉我们：我们在早期生活中所体验到的一切都对我们有影响。这种影响可以是正面的，也可以是负面的。它就像一个编织好的图案存在着。如果我们了解这个“花式图案”，我们就会清楚自己内心深处秘密“编织”的愿望、渴望，甚至是被掩盖的恐惧和逃避。

我们的自我价值观念本质上是受到儿童时期经历的影响。如果我们在那时得到许多表扬，行为受到积极的肯定，那么就会增强我们的自信心，我们会喜欢我们自己。相反，如果当孩子时经常因为不听话或不守纪律而受到惩罚，从来没有享受过“温情抚摩”，那么他们的自我感觉就不会好。另外，父母看世界的方式方法、生活中的规定和禁忌，以及一些偏见等，无一不影响到我们对自己，对他人，以及周围世界的尊重程度。

做出成绩，只为获得肯定和赞赏

特别要提到的一个因素是我们什么时候和为什么要受到表扬。难道我们作为孩子被爱的理由，仅仅是我们必须做出骄人的成绩，才能赢得父母亲的关注吗？要是一个孩子只有在自己做出骄人的成绩时才得到赞赏，那么这很快就形成了一个必须做出成绩才能得到爱的模式，即“爱—成绩”模式。当今社会中，具有很强的这类模式的女士们往往工作卓有成效，因为只有当她们得到外界的赞誉时，她们才觉得自己很有价值。那么好吧，她们就干出点儿名堂来。当然这一模式在男人世界里比女人世界更普遍，更理所应当。

男士们和女士们都推崇的这个模式在不知不觉中发挥作用。人们为了能维护他们心中的模式，在个人和职业生活中都在寻找与他们性格特征相符，能够相互扶持的同伴或伴侣。例如，谁的父母很强，他在选择同伴或伴侣时，就瞄向他能仰慕的强者。

当今社会有着各种各样不同的生活模式，我们在研究各个女性性格类型时，会对各种可能性加以分析和描述。通过这些模式的分析使人们清楚，如何从模式的限制中重新走出来，并有效地阻止早期儿童的特性主宰他今后的生活。

为什么阿佛洛狄忒不忠？
雅典娜不需要恋情关系？为什么内心的恐惧充斥着我们的生活？

父母在与孩子交往中——与个人的基因有关——形成了各种不同的模式，并产生了一种基本信任，但是孩子在发育成长中也会产生恐惧和渴望，对此我们下面会进一步探讨这个问题。恐惧和渴望是密切相连的。有一种恐惧是在某个特定的空间里表现出来的，它使人备受煎熬。为了不要进入这一空间，在人们的心里就发展了一种反方向的抗力。例如，有人害怕别人接近，就产生一种趋向力，远离他，朝与他相对的另一个房间走去，反过来也一样。如果有人害怕一成不变，就会喜欢找有变化色彩的地方，反过来也如此。我们就是这样，常常在不是我们想要的空间里活动着。当我们在渴求到的空间里遭遇失望，这种恐惧变得无穷大时，我们就采取逃避策略，那么原来的恐惧又常常变成最大的渴望。

这些恐惧，或者说渴望，在人格结构中都得以体现，正如在荣格的人格类型，或者在希腊女神性格转盘图谱中都可以看到的那样。在生命进程中，恐惧浓密而广泛地分布，形成一张“电路图”，这就产生了所谓的重复模式。为了让自己的生活成功，达到自主，必须做以下事情：

- 了解和认识自己心中的恐惧。
- 战胜这些恐惧，从中走出来，赢得自由。

恐惧和渴望的基本原型

心理学家弗里茨·李曼[①]在他的畅销书《直面内心的恐惧》中，列出了四个恐惧原型：

- 害怕将自己交出去，担心失去自我、产生依赖性。
- 害怕做自己，担心产生不安全、分离和寂寞。
- 害怕死守着熟悉的事物、一成不变，担心已成定局、不自由。
- 害怕改变和消逝，担心暂时性不安全。

在此我们拿来熟悉的希腊女神人格转盘，现在将四个恐惧原型填进去，于是就见到下面的图，有关各类人物在恐惧方面的具体表现，我们随后会详细描写。

---

① 弗里兹·李曼（1902—1979）：德国心理学家和心理分析专家。慕尼黑心理研究及治疗研究所（现为心理分析与治疗学院）创始人之一。因为在心理分析上成就斐然，成为美国纽约心理分析学会的荣誉会员。

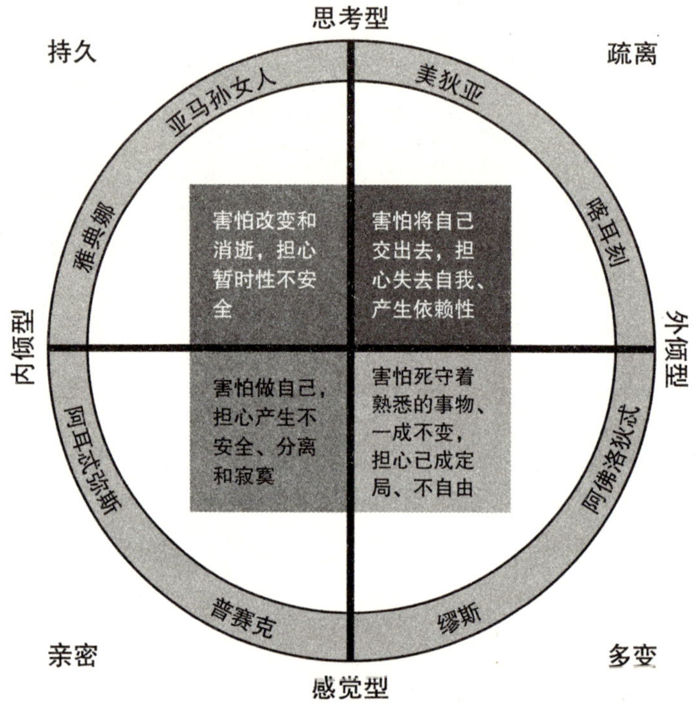

第一组两个对立的恐惧原型在“亲密”和“疏离”之间用轴隔开，它们是：

- 害怕将自己交出去，担心失去自我、产生依赖性。
- 害怕做自己，担心产生不安全、分离和寂寞。

在“亲密”和“疏离”之间做自己

“亲密”和“疏离”的动力层面主要涉及长大成人这一阶段，即不再依赖别人，要做自己。我们越想成长为个体，就越要更多地意识到，在生活中要与他人保持距离。而发育到了一定阶段，自我为中心的导向就不再继续有效了，因为我们需要情爱伴侣，以满足生理和生活的需要。如果人们反其道而行之，在发育阶段就与一个根本还没有结束自我为中心阶段的人发生关系，那么他就会延误迈向“做自己”的前进步伐，并且奉献出在某种程度上对方还没有的东西——你自己。

因此我们总是处在“亲密”和“疏离”的变化之中，保持平衡，过自己选定

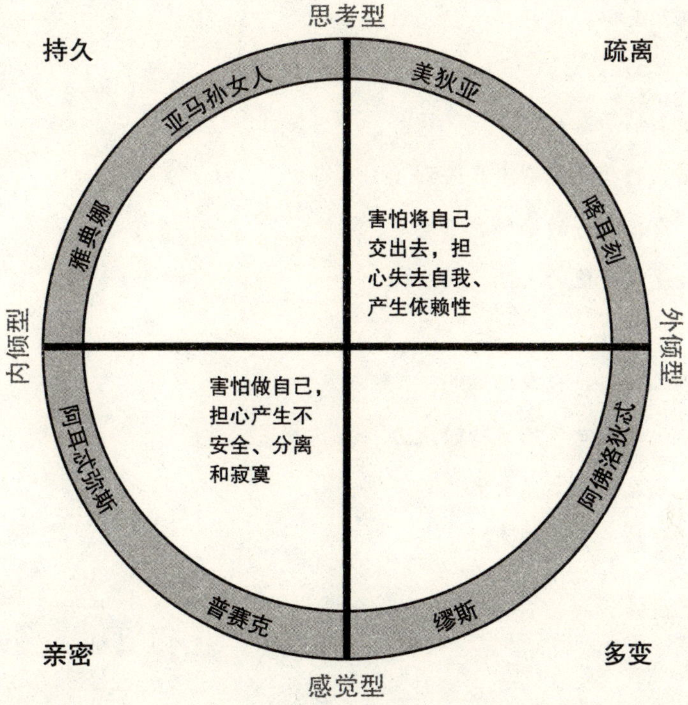

的生活，能将自己交出去，而又不失去自我，在职业中寻求充实，而又不利用职业来逃避自己的内心感受——这就是生活的本来艺术。

害怕将自己交出去，担心失去自我、产生依赖性

啊，天哪，我妈妈使劲儿地拽我，
因为我往自己的周围一块接一块地垒石筑墙，
为了这初见端倪的小小房子我独自一人忙了一天，
突然我妈妈来了，来了，她使劲儿地拽我。

她来了，发现了我，便使劲儿地拽我，
她视而不见，我正在工作。
她穿过了中间我垒的石墙，

啊，天哪，我妈妈使劲儿地拽我。

小鸟们围着我飞舞，
陌生的狗儿都看出我遇到了倒霉事。
只有我唯一的妈妈没有发现，
我逐渐变化的表情。

妈妈从不对我春风满面，
她生活在空气不流通的地方。
她躺在一个高高的大木箱子里，
耶稣每天会为她沐浴。

——赖内·玛利亚·里尔克①

里尔克的这首诗描写了渴望疏离是如何产生的。由于妈妈的冷漠，或者至少没有表现出爱和关心，使孩子感到很孤独，进而希望将自己封闭起来。一般来说，过于害怕亲密、逃避亲密、渴望疏离，都起源于恐惧，担心亲近会遭遇失望，或者被他人占为已有。

她穿过了中间我垒的石墙，
啊，天哪，我妈妈使劲地拽我。

《我妈妈使劲儿地拽我……》所造成的心理伤痛是显而易见的。孩子在长大的过程中不被接受，甚至还被“使劲儿地拽”，没有人重视他的需求、希望和愿望，这种伤痛无论是孩子还是大人都会感受到的。反复经历这样不温柔的冷遇就会导

① 赖内·玛利亚·里尔克（1875—1926）：奥地利诗人，代表作《祈祷书》《新诗集》等。

致孩子越来越退缩趋向自己的内心世界，不想在与他人的亲密中寻找幸福，而是在退缩和精神的迁移中感受快乐。

尽管如此，疏离者们常常远离自己，远离他们的内心世界。他们不能很好地感受自己，并试图通过思维来代替这种无法感受的能力。他们也很难做到将感情移给另外一个人。因为谁的自我感觉不好，谁就一点儿也感觉不到另一个人和这个人的需求以及渴望。

害怕亲密——有精神分裂症人格的倾向

精神分裂的倾向是出生不久就形成的。婴儿绝对要依赖母亲或是其他看护人的关爱和照顾，形成了吸吮和抓握的条件反射。孩子对妈妈的需要是绝对的，而妈妈对孩子的需要却是相对的。这是个很重要的事实，它给每个人未来的生活打上了烙印，即他会有多少原始信任度。尤其对于女性来说，早期阶段也决定她们往后对爱情的信任度，以及面对恋人时表现出的亲近程度。另外，这一阶段也深远地影响到她们会如何经历女人的那些事。母亲给小女孩的爱有多深？她给予的爱，和孩子能感受到的爱是否是无条件的，或者只是为了履行义务？当婴儿啼哭，母亲将她搂在怀里喂奶时，小婴儿完全能感觉到，母亲是否怀着深深的母爱给她哺乳，或者只是为了履行义务去机械地满足婴儿的基本需要，不带任何感情。孩子还在妈妈肚子里时，就已经能感觉到她是否受欢迎，或者只是个“产物”而已。例如，婴儿经历了妈妈的恐惧、愤怒、爱或者拒绝。这对孩子以后的生活有影响，关系到我们是否能把亲近另一个人看做愉快惬意的事，因此成人生活中的许多干扰其实常常源自早期的儿童时代。

更有甚者，发展成接近人就失望的自闭者。也许有人会问：其中是否也有这样的人，他们不接近他人并非是感到失望和恐惧，而是因为他们喜欢独处，不想被束缚，愿意在自己的天地寻找快乐。我认为，这并非是心理学家看问题的方式。为快乐而追求疏离和独立确切地说是一种逃避策略，而不是一种享乐主义的生活方式。而且这一生活方式在21世纪大有改变的可能。我们的社会通过技术手段为独立生活者提供了越来越多的方便。网络社会拥有虚拟的商业和交友平台，显示了强大改变的开始。在交友网络中，男女可以隐姓埋名，天南海北地聊天、交换看法，不用见面，更不用实际接触，也就是说，“装在套子里的人”行不通了。我们生活得越来越虚拟，越来越孤独。这不恰恰证实了心理学家的观点吗？是否到了改变这种方式的时候了？

追求独立——迄今主要为男性特征

在文学作品中，往往把追求独立的人描写为具有男性特征。当然，这种特征在许多女性身上也有体现。“关注自身”已经成为女性的特有概念。意思是说，既要自由，又要独立。纽约的自由女神像同样也是一位女性。我们在各处能遇到的独立型的女性迄今为数很少，将来是否有可能越来越多呢？独立的重要性对于女性来说越来越不言而喻了。迪特里希·施万尼茨[①]在他的《男人是不完美的女人》一书中写道：

> 在一个安宁和平的社会中，笨重的劳动由机器完成，女性善交际的德行受到推崇，而男性的阳刚之气却失去了信任和说服力。在社会福利国家，人们用女性替代了失败者。面对被女性排挤而留在家中的丈夫，女人想：为什么她会酿成这种局面？而男人制造出的问题比他能解决的问题更多。他的举止常常令人感到奇怪和惊讶。他的生活动机变得模糊，他的内心世界被封闭了。在交际场合他常常感到压抑，他制造的噪音巨大无比。如果他再一次把家里砸个稀巴烂，搞得天翻地覆，让她忍不可忍，那他还算是一个人吗？

如果我们生活在莉莉丝时代，莉莉丝恐怕是第一个追求独立、与屈服斗争的女人。她宁愿离开天堂，也不愿意屈从。也许她已经认识到，女人屈服男人的生活空间从来不能称之为天堂——至少对于女人们是这样的。

① 迪特里希·施万尼茨（1940—2004）：德国著名学者，畅销书作家。

卡门——疏离型女性的化身

乔治·比才[①]笔下的卡门也是一个独立型的范例：约瑟越是纠缠她，强迫她接受他的那种市民生活，卡门就越避开他，并且骗他说自己爱上了一个斗牛士。然而，约瑟却决定了她的命运：出于嫉妒，他杀死了卡门。听她的赞歌：

爱情好比流浪儿，
对法律它根本不搭理。
你不爱我，我也要爱你，
我爱上你，你可要当心。
爱情有着彩色的翅膀，
当你认为把鸟儿抓牢了，
它拍拍翅膀又飞了……

这里不断重复着：

亲密——疏离——亲密——疏离。

这是莉莉丝、卡门和美狄亚的赞歌：

……我爱上你，你可要当心。

如果约瑟与美狄亚交往的话，他也应该当心。当以自我为中心的独立型女性真的卷入了爱情的漩涡，而后却遭到了离弃、欺骗和背叛时，她就无所畏惧了，她将勇敢战斗，为了报复，不惜付出任何代价。

莉莉丝坚持平等，卡门想要的恰恰是似乎对她并不感兴趣的男人，而美狄亚

① 乔治·比才（1838—1875）：法国作曲家，生于巴黎。歌剧《卡门》的作者。

要求比她小很多的男人对她保持绝对的忠诚。她们三位有一个共同点：她们最想要的，却是她们最不能得到的。容易到手的，她们觉得没味道，没意思。若是有人自己找上门来，交出自己，那他就输了。谁避开，谁就赢得更多的魅力和吸引力。这种类型的人是所谓的比鬼还要避之唯恐不及的人，即疏离多于亲密和恒久的类型，所以她们的行为方式就见怪不怪了。

疏离型女子很难做到真正将自己融于另外一个人的生活中，维持亲密关系，放心地把自己交出去。她们害怕在爱情中失去自我，变得依赖他人。她们觉得更舒服的位置是在职场。她们宁可遵循男性的原则去奋斗。她们喜欢通过成绩去说服、较量和战胜其他人。她们喜欢以理服人和赢得胜利。她们业绩良好，并能掌控自己的生活——直到恋爱为止。恋爱就意味着失控，这一点她们非常憎恶。因此恋爱时，她们也千方百计试图操控生活，但常常事与愿违。特别是当她们亲密接近的渴望遭到男人拒绝时，她们的操控就更难了。

费雯丽——爱情上做出成绩的女子

有一个在爱情上做出杰出成绩的女子，她就是费雯丽[①]。无论是在电影《乱世佳人》中，还是在实际生活中，她都扮演着一个坚强女性的角色。她想做的事，非做成不可。她成功地扮演了斯佳丽的角色，超过了贝蒂·戴维斯[②]、琼·克劳馥[③]、凯瑟琳·赫本[④]等著名演员，同时她也是劳伦斯·奥利弗[⑤]生活中的妻子，事业和生活她都如愿成功了。“她工作起来简直像着了魔”，《乱世佳人》的导演塞尔兹尼克在谈起她时这么说，而他这部电影需要的就是一个像这样的女人。为了达到目的，她什么都肯做。无论在银幕上还是在现实生活中，费雯丽都给人一个印象，似乎她屈

---

① 费雯丽（1913—1967）：英籍好莱坞演员。凭借《乱世佳人》和《欲望号街车》两次获得奥斯卡女主角奖。

② 贝蒂·戴维斯（1908—1989）：美国女演员。

③ 琼·克劳馥（1905—1977）：美国女演员。

④ 凯瑟琳·赫本（1907—2003）：美国著名女演员。

⑤ 劳伦斯·奥利弗（1907—1989）：美国戏剧演员、电影演员、导演和制片人。1999 入选美国电影学会“百年来最伟大的男演员”第 14 名。

从于男人的权威，但实际上她总是把缰绳牢牢地抓在手中。就像那个时代的斯佳丽，费雯丽清楚地知道，她面临的男人都是些说一不二的强势男人，控制对他们来说是很重要的。对付他们比较好的手段就是付出真情。但是推动费雯丽们持久地勇往直前的基本情感，却总是那些使她们陷入烦恼痛苦的猜测，她们担心，如果自己不能做出骄人的成绩，就没有人会真心地爱她们。于是费雯丽就拼命地演啊演，不幸得了肺结核，又患了躁狂型忧郁症，但仍旧毫不示弱。她扮演了茱丽叶、奥菲利亚，得到了她希望演的每一个角色——只不过她从未品尝过真正的幸福。她总是如饥似渴地想做出成绩证明自己，这种强烈的欲望使她马不停蹄奔向前。劳伦斯·奥利弗最终也离开了她，因为他认识到，仅仅美貌和成功并不会带来幸福，还是另外找一个不那么忙碌，也没那么有魅力的妻子更安全。而幸福也不是费雯丽追逐的目标，成功才是她梦寐以求的。她因出演《乱世佳人》获奥斯卡最佳女演员奖，《乱世佳人》脚本创历届奥斯卡影片拍卖的最高值（1933 年在苏富比拍卖行获得约 44 万欧元）。几乎没有一个女人像费雯丽那样守纪律、性感，而且目标明确。

练习

您内心有多少疏离他人的空间？

下面的观点是否适合您，请给自己打分（0–6 分）：

0= 一点儿也不符合　　6=100% 符合

---

1. 如果我敞开心扉，让人接近我，那就等于去冒险。 ________
2. 我害怕，如果我去接近某人，我就会失去自我。 ________
3. 我若与他人关系紧密，我心中会不踏实、不安。 ________
4. 我若恋爱，我害怕失去控制。 ________
5. 我原本感情就不容易冲动，不属激情类。 ________
6. 我心里有什么芥蒂，我自己会解决，这与其他人无关。 ________
7. 黏人的人让我心烦。 ________

8. 我的生活重心是在职场。 ________

9. 恋爱与其说是一种美妙的状态，不如说是一种病态。 ________

10. 里尔克的诗歌很让我感动，说的就是我。 ________

总分 ________

害怕做自我，担心不安全、分离和寂寞

让飞机在天空悲旋，
在苍穹狂扫：他已逝去。
给街上的白鸽围上黑色的丝带，
让警察们戴上黑色的手套。

他曾是我的南，北，东，西，
周日的恬静，工作日的努力，
是我的白天，我的子夜，我的歌，我的话题。
我以为爱会永久持续——我错了。

不再需要星星，将每一颗都摘去，
将月亮包起来，将太阳彻底毁灭，
将森林砍伐光，将海潮倾泻平息，

过去的一切不会再现，不会再有新的奇迹。

——威·休·奥登[1]

① 威·休·奥登（1907—1973）：出生在美国的英国诗人。

这首诗被电影《四个婚礼和一个葬礼》引用，表现了与男朋友永远相依为命的渴望，也同样清楚地表示拒绝接受爱已结束这一事实。它是“通过爱另外一个人寻找到自己”的真实写照。即要同生死共命运，而不是做自己。

过去的一切不会再现。

我以为爱会永久持续——我错了。

希望永久保持亲密关系和归属感正是诗中的“我”一类人的特性。如果爱人不复存在了，可能死了，或者分手了，那么追求亲密型的女性会比其他女性更难做到在新环境中重新立足，回归自我，开始一种新生活。她希望融入他人，并将自己的全部心思放在对方身上。她没有主见，全看她爱人的眼光行事。他满意了，喜欢了，那么就意味着她做对了。他若不满意，不喜欢，她就调整自己，直到她感受到对方的爱为止。因此这种女人很容易成为他人的玩物。

追求亲密——有抑郁症倾向

追求亲密的心理倾向与追求疏离一样，都要到早期孩子和妈妈的关系中寻找答案。就像那位拽孩子，没有给予孩子充分爱的母亲一样，她会使我们退缩，远离他人，蜷缩在自己的天地中，同样她也会影响到我们与他人亲密融合。长大成人后，我们就会寻求当孩子时从来没有感受到的东西，通过爱你的人去感受被接受。这里的困难在于，如果孩子从未品尝过无条件地被爱是怎样的滋味，那么成人后也就很难在与他人的亲密关系中真正找到这种感觉。

如何对待伟大的爱情历来都是世界爱情剧本的素材：罗密欧与朱丽叶——他们相爱了，并且发誓，再也不分开，要一生一世相守。所以他们宁可自杀，也绝不过没有爱人相伴的生活。特里斯坦和伊索尔德[①]的命运也以悲剧结束。希腊神话中的

① 特里斯坦和伊索尔德是西方家喻户晓的爱情悲剧。美国电影《王者之心》反映的就是这段中世纪的战争爱情。

普赛克为了找到她的爱人丘比特，冒着生命危险下到地狱，因为对她而言，身边没有这个男人就等于没了生命，对于这种类型的人来说，二人世界就是生命中最重要的。像这样的故事都形象地描绘了一种生活方式：相爱，相伴，而不是自立的生活。

普赛克——与美狄亚截然相反的形象

普赛克与美狄亚相反，她想与丈夫亲密融合。她恨自立，她不想为自己一人，为职场成功或自我实现去生活。她活着只是为了另外一个人：丈夫，或者孩子。如果要她独自走过人生，她会恐惧万分。对她来说，活出自我简直就像坐牢一般残忍。

亲密型的女性多于男性。一方制约了另一方。一般来说，疏离型的男人喜欢找亲密型的女人，因为这种类型的女人可以弥补他们本身的亏缺，使他们“收支平衡”。于是，女人为他付出情感，而他为她工作。从而形成了所谓的互补关系。这种情爱关系的问题是，并非将对方看做单纯的情侣，而只是把他看成可以使自己维持现状的人。

那些年纪轻轻就完全献身于一个男人的女士们常常耽误了她们本身的发展。只有当自身的人格已经形成，身心已经成熟到既能把自己交出去，又能为了自己走出来的时候，才是谈婚论嫁，建立深层关系的最好时间。

一直以来，男人们比女人们更容易做到这一点。但这种局面在 21 世纪同样也面临着改变。斗转星移，说不定到了什么时候，男女就能势均力敌，而女人们也正在朝着这个方向进军。一旦天下所有的女人们都认识并做到，当她们结了婚，或生活在情侣关系之中时，就会始终不忘注视自己的目标，不要为性爱关系而放弃自我，沦为爱情的牺牲品。

劳伦·白考尔——隐藏的普赛克

另一个不明显的普赛克型的典范是劳伦·白考尔①。这一类女人的特点是由于

---

① 劳伦·白考尔：1924 出生，美国好莱坞老一代电影女明星。2009 年获第 82 届奥斯卡终身成就奖。她与鲍嘉的幸福婚姻持续了 12 年。

爱上了一个男人而认识到自身其他方面的潜能。劳伦·白考尔因参演影片《逃亡》和《如何嫁给百万富翁》而闻名于世。她从一开始就不太自恋。1943 年，当她一见亨弗莱·鲍嘉[①]就深深爱上了他，可鲍嘉已有家室，白考尔为此痛苦万分，甚至在夜里经常号哭，连克拉克·盖博[②]的劝慰都无济于事。1945 年，她终于如愿以偿嫁给比她大 25 岁的鲍嘉，并同时结束了她的演艺生涯，她说："终究不能一辈子都当明星，这只是人生中的一个插曲。"她要家庭和孩子，与许多女性一样，她得到了她所渴望得到的，与她的梦中情人过着幸福的生活。

练习

您内心有多少亲近他人的空间？

下面的观点是否适合您，请给自己打分（0–6 分）：

0= 一点儿也不符合　　6=100% 符合

---

1. 我自己不那么重要——只有为你付出我才举足轻重。 ________
2. 我害怕，靠我一个人难以应付。 ________
3. 如果我不与别人保持密切的关系，我心里会很不踏实，很不安。 ________
4. 有人依靠，失去自我，我觉得很幸运、高兴。 ________
5. 我原本感情就很冲动，有激情。 ________
6. 心里有什么芥蒂，我愿与我最爱的人分担。 ________
7. 与你保持距离，冷酷无情的人，我不喜欢。 ________
8. 我的重心在我私人和两性关系的生活中。 ________

---

① 亨弗莱·鲍嘉（1899—1957）：凭借《非洲女王号》在 1951 年获奥斯卡最佳男主角奖；1999 年被美国电影学院评为百年来最伟大的男演员之一。

② 克拉克·盖博（1901—1960）：20 世纪 30 年代好莱坞最著名的电影男明星，曾饰演《乱世佳人》中的男主角白瑞德。

9. 恋爱是世界上最美妙的东西。 ______

10. 奥登的诗歌说出了我的心里话。 ______

总分 ______

下面两个对立的类型涉及的是持久和多变：

- 害怕死守着熟悉的事物、一成不变，担心已成定局、不自由。
- 害怕改变和消逝，担心暂时性不安全。

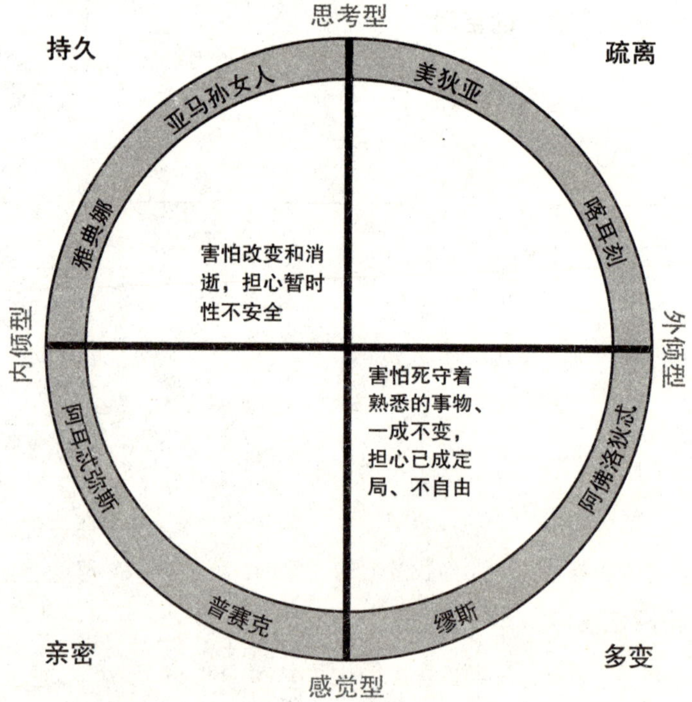

渴望安全，急切变换

转盘图谱上的分隔轴围着时间旋转。美妙时刻究竟能持续多久？在多变空间里非常惬意的人自言自语，认为最美和最幸福的时刻如果持续太久了，就变得没意思了，进而失去了它们的魅力。而处在“持久”空间里的人则希望在所有的生活领域里都能提供永不变化的持久保证：“……要是我能对这个瞬间说：停留一下吧，你多美呀！那该多好……”（歌德《浮士德》）浮士德可以通过与魔鬼靡非斯特签约看见和经历他想到的一切，在他的心里只有一个愿望，享受这一无限幸福的瞬间，为此他能放弃其他的一切。

难道人生中真的有让人可以永无止境地回味的美好而短暂的瞬间吗？这个主题在电影《天使之城》中被表现得淋漓尽致，给人们留下了深刻的印象。天使赛斯（尼古拉斯·凯奇饰演）爱上了医生梅姬（梅格·瑞恩饰演）。赛斯宁愿用在天堂上的亿万年永生换取人间短暂而甜蜜的生活。结局并不悲惨：她死了，他独自度过了几天的余生。但他对用永恒去交换短暂从不后悔。这一交换深深地触动着人们的心灵。他曾在向往安全和追求浪漫之间徘徊过，最终选择了短暂却绚丽的浪漫。

害怕死守着熟悉的事物、一成不变，担心已成定局、不自由

如同盛开的鲜花要凋零，
绽放的青春也会老去。
生命的每一个阶段都曾繁花似锦，
每个智慧、每个美德都留下芳香，
但却不能故步自封，停止前行。

在生命的每一个阶段都必须有心，
准备告别，迎接新的征程。
不要悲伤，勇敢坚定，
去开阔眼界，建立新的感情。

每一次开始都蕴藏着一种魔力，

保护和帮助我们历经重重艰辛。
我们开开心心走过一个又一个空间，
没有留下故乡般的依恋之情。
我们不会让普世精神束缚我们的胸襟，
它只会推动我们向更高的台阶迈进。

安于现状不是我们的习性，
贪图安逸不是我们的德行。
拦路的危险我们必须战胜，
没有创新就没有魂灵。

唯有时刻准备启程远行，
才能摆脱懒惰的惯性。
也许在我们临终的时候，
又有新的领域在等我们面临。
生命的召唤啊，永无止尽。
来吧，心啊，告别获得新生！

——赫尔曼·黑塞[①]

“每一次开始都蕴藏着一种魔力”——这正是求变女性的座右铭。今天她们宁愿努力经营婚姻，也不愿死守着一份承诺白头到老；宁愿接受紧张的职业挑战，也不愿守着一份保险但却无聊的终身职务。

……每个智慧、每个美德都留下芳香，

① 赫尔曼·黑塞（1871—1962）：德国作家，1923年入瑞士籍。1946年获诺贝尔文学奖。

但却不能故步自封，停止前行。

癔症倾向

诗句表达了求变女性害怕被牢牢黏住，不能动弹的心理。求变女性不惜付出任何代价也要摆脱束缚。她不愿，也不想窒息在平庸的所谓和谐之中。内心的不安总是不断地推动她去进行新的冒险，去寻求周围人的认可，于是她自恋，她要证明自己。这类女性是生活的导演，她把生活看做一个大舞台。让她着迷的并不是她的配偶，而是那面镜子。它可以反映出，她现在的情况怎样，将来又会怎样。她喜欢爱情，像需要呼吸一样需要得到被人爱和受人渴慕的感觉。在情场上她是一个热情飞扬，富有性感诱惑的艺术家。她似乎把自己全部交出去了，并且山盟海誓，海枯石烂不变心，但第二天早上她就把自己的誓言全都抛在脑后。

她并非在说谎，因为她每次都感觉到自己在说什么，只是她本人的感受没能持续很久。另外她与人约定或承诺的内容都是她无限想象中的图景。她是幻想大师，不停地在脑中编排、放映。因此不足为奇，一旦她觉察到，现实不能留住她幻想中的图景时，她便收拾好行装，继续朝着另一个美妙的梦想境地进发，直到梦想就像仙人掌碰到一个肥皂泡一样，在现实中又一次破碎为止。

求变的女性是个大演员

求变的女性是生活中的演员，导演着自己。她的打扮从来不重样。她变化着服装、情侣、嗜好——而且最喜欢不断地换。要她待在一个地方，她会觉得很害怕，表现出百无聊赖。一旦她感到没意思，她就会离开。当她在一个持久的恋爱关系中生活时，她每天都要见到丈夫的脸，而丈夫也一样天天都离不开她，在她的梦中情人面前她又总想绽放明星一般的光芒，日久天长，使她产生了厌烦。因为日常生活的每一幕都暴露了她导演的每一个场面。因此求变女性也常常有疏离型的倾向。

在生命的每一个阶段都必须有心。

准备告别，迎接新的征程。

不要悲伤，勇敢坚定，

去开阔眼界，建立新的感情。

当关系达到最高峰时，她告别了，因为她的直觉告诉她，再这样生活下去，她会厌恶、怨恨。

我们开开心心走过一个又一个空间，

没有留下故乡般的依恋之情。

拦路的危险我们必须战胜，

没有创新就没有魂灵。

不满足——一个更强的推动力

长久的关系，固定不变的住址，长期的职务……这些传统观念能给予人安全感，使人觉得有安全保障。但求变类女性却没有这种感觉，反而认为单调无聊，这就是她们眼中的“一成不变”和“恒久”。她不惜一切代价寻求改变。满足是她的大敌。当她感觉满足时，她就失去了活力，失去了自我发展和继续追寻自己生活理念的动力。她的动力是不安于现状，一直往前走，即使到最高点她也不会苟且偷安。阿佛洛狄忒就是这样，她在快乐的空间品尝到最美妙的感情，她有很多情人，但却没有真正嫁人。她喜欢尝试体察，但她将缰绳牢牢掌控在自己手里。

来吧，心啊，告别获得新生！

这类女性拥有的是吉普赛女人的心胸。她从来不想停下脚步。喀耳刻也是一个求变女子。她轻松地放奥德修斯离开，因为她知道，不久又会有船搁浅，另一个水手又会来到她的岛屿，来到她身边。

现实起源于儿童世界

这种求变的倾向在儿童时期是怎样产生的呢？孩子两岁起开始“奇幻思维”，他们以为，心里的愿望和虚幻的世界是真实的。孩子从四五岁起就开始“现实思维”。儿童时代如何成功地从虚幻世界跨入现实世界，将决定着成年女子是否会远离现实，打造自己的世界。孩子们与生活缔结的梦幻条约在以后的发育阶段不是被放弃，就是宣布梦想正在实现。

当小姑娘开始发现她的世界时，最初的矛盾也就油然而生。一方面她强烈地想知道怎样去征服一个新世界：另一方面她也非常渴望得到妈妈的保护。我们看到，她对生活产生了矛盾情绪。我们在这两个相互矛盾的愿望中被拉来拉去。直到精疲力尽才认识到，这两个愿望其实常常只是一个事物的两个不同方面。

著名的求变女性

对于求变女性来说，舞台就是她们觉得最幸福的地方，因此难怪在这类女性中可以发现许多大明星：玛丽莲·梦露①、丽塔·海华丝②、伊丽莎白·泰勒③、麦当娜④，等等。许多女演员和女歌手也是彻头彻尾的求变女子，她们自恋，内心有强大的展示自我的需求，这些都使内心很少能和悦平静。而那些明星之所以引人注目，不是因为她们的名气，而是她们鲜明夺目的心理倾向使她们闻名遐迩。

练习

您内心有多少求变和变换的空间？

下面的观点是否适合您，请给自己打分（0–6 分）：

---

① 玛丽莲·梦露（1926—1962）：美国 20 世纪最著名的电影女演员之一。

② 丽塔·海华丝（1918—1987）：美国著名的女演员，20 世纪 40 年代红极一时的性感偶像。

③ 伊丽莎白·泰勒（1932—2011）：好莱坞传奇女明星。

④ 麦当娜：出生于 1958 年，美国歌手、作词人、女演员和企业家。

0= 一点儿也不符合　　6=100% 符合

1. 我喜欢在生活中充当各种不同的角色。	______
2. 程序化的工作会使我很快就失去情趣。	______
3. 没有比感到无聊更可怕的了。	______
4. 婚姻是为无聊者贡献的一个发明。	______
5. 我最喜欢的是在时空中旅行。	______
6. 我最喜欢与追求仰慕我的人在一起。	______
7. 我觉得那些处处讲原则的教条主义者很可怕。	______
8. 我想有一份紧张而有趣的职业和美妙的爱情生活。	______
9. 恋爱是世界上最美妙的东西。	______
10. 黑塞的这首诗歌字字句句说到我心里去了。	______
总分	______

害怕改变和消逝，担心暂时性不安全

有人问 K 先生："当您爱上一个人，您会做何表示？"

K 先生回答说："我会给她画张画，并且尽量画得像。"

"谁像谁？画像人吗？"

"不，" K 先生说，"人像画。"

——贝托尔德·布莱希特[①]《当 K 先生爱上一个人》

在草图上设计好每一幅生活的图景，然后再付诸实现，这就是喜欢固定持久的

① 贝托尔德·布莱希特（1898—1956）：德国大戏剧家和诗人。

人的表现。持久型女子更喜欢蜷缩在一个熟悉的环境中，而不喜欢冒险。她们所喜爱的工作和伴侣关系是看得到未来，并能持久发展的。她们的格言是：宁愿保险，不愿冒险。

许多男人也属于这一类型。一个典型的例子就是托尔斯泰笔下的安娜·卡列尼娜的丈夫亚历山大·卡列宁。这个刻板的官僚死死抓住他的婚姻不放，迫使安娜陷入绝望，最终卧轨自杀。卡列宁想死死守住的是他恪守的婚姻观，而不是爱情。持久型的另一个典型是茜茜公主的婆婆苏菲皇太后。她严厉地奉行已经融入她血液里的宫廷礼仪，把它置于婚姻关系之上，从而使她的儿子和可怜的茜茜苦不堪言。这一倾向的另一个漫画式的女性人物是塔蒂[①]的电影《我的舅舅》中有洁癖的母亲。她严格地按照自己的思路设计房间的布局，明明已经非常整洁了，她却还是不满足。

害怕变化——强迫症倾向

持久型的人不能放开手脚，去了解接受新事物。这一偏向的起源与上述的求变型女性是一样的，都发源于开始现实思维的孩提阶段。那个阶段的孩子开始接受哪些能干、哪些不能干的规则教育，心理学将之解释为“从自己的天堂里逐出”。在依恋阶段之后，孩子渐渐发现，在必须满足他的要求时，他可以试着违背规则。而当孩子在追寻自己目标的过程遇到强大阻力时，他开始体察和学习到，只有遵守规则才能获得父母的爱和保护。这些都可能对他今后的人生造成影响。成人的他会害怕事态的风云际变。这就迫使他固守现状，以阻止变化来保持恒久。

让我们来看看神话中的女神。雅典娜全副武装地从宙斯的脑袋里蹦出来，办事理性是她的特征。处理事情时，她先进行理性的逻辑分析，再考虑感情因素——从来不喜欢急急忙忙作出决断。

在当今瞬息万变的时代，除了感知以外，应变能力和活动能力都是成功的最重要的因素，墨守成规、渴望稳定的人与今天的时代越来越格格不入。安于现状、

---

① 雅克·塔蒂（1907—1982）：法国著名喜剧演员和导演。

不准备敞开心扉接受新事物的女性，在我们今天的社会中将步履艰难。她们更喜欢追念往事和过去的年代，而不愿面向未来。然而她们念念不忘的事物今天已经不复存在了。现在需要给自己开辟一个新世界，去寻找和创造机会，增强和培养想象力，学会与陈旧的事物一刀两断，放开手脚去赢得属于自己的那份天地。当然有时把握住机会也很重要，但一定不要以停滞不前作为代价。因为发展就意味着变化，为此就要立足创新求变，或者激励自己去进取。谁能更敏锐地捕捉到即将发生的变化，谁就能抢得先机。而那些反应迟钝，行动缓慢的人只能眼巴巴地看着大好的机遇流失。

女人具备胜任多重工作的能力

女性大脑的结构决定了她们具有胜任多重工作的能力。因此，同时干几件事对她们来说是很容易的，应对变化也变得易如反掌。但男人们却不同，由于男性先天的大脑结构以及后天的社会演变，他们的角色很明确，就是猎手；他们的工作也很单一，就是打猎。而女人们则负责采集，并且顺便还带回她们将来可能用到的东西。当人们问她们，为什么她们能够既忙这个、又干那个时，她们的回答常常是："就是凭感觉啊！"正是这种对现实和未来的感觉给了我们创造未来的不可忽视的优势，我们要将这种优势不断地扩大和完善，使自己完美起来。

练习

您内心有多少持久不变的空间？

下面的观点是否适合您，请给自己打分（0–6 分）：

0= 一点儿也不符合　　6=100% 符合

---

1. 我就是原来的我，将来也不会有多大变化。 ________
2. 程序化的熟练工作对我很重要，让我有安全感。 ________
3. 没有比不断要进入新环境更可怕的事了。 ________

4. 婚姻是美妙的事。 __________

5. 我可不愿意到陌生的国家去长途旅行。 __________

6. 我最喜欢与我熟悉的人在一起。 __________

7. 我觉得那些不可靠、不现实的理想主义者很可怕。 __________

8. 我想有一份安全可靠的职业及平和稳定的爱情生活。 __________

9. 恋爱等于失去控制，带来的只有生气。 __________

10. K 先生所言我很感兴趣。 __________

总分 __________

四个寻找幸福的女人——第一部分

为了更好地阐明这些理论，让我们来看看四个不同女性的生活故事。她们是好朋友，共同的渴望把她们连接在一起：寻找幸福。因此她们定期在她们一家意大利餐厅聚会，讲述和交流她们工作和爱情中遇到的新鲜事。

亚历克斯

亚历克斯，37岁，是一家化妆品公司的经销部主管，业务遍及全球。尽管事业辉煌，婚姻却有些波折。她离婚了，因为婚姻使她不断产生囚禁感，而她的前夫无法适应她对自由的追求。之后她与一些男人有过亲密关系，但都以不快告终。令她欣慰的是，爱情失败之后她工作得更起劲儿了，并且发展了更好的营销理念。她与现在的男朋友保尔相处约一年了。保尔是一款名贵高档汽车的销售主任，他事业有成，又极具魅力。他在英国生活，而亚历克斯在德国。两人见面次数很少，但是也许正因为这样，他们处得很好。唯一导致争吵的是，亚历克斯希望能随时联系上保尔，而保尔却不赞成。他只想沉浸在追求自由的欲望之中，充分享受生活，而不想用打电话或者回电话等所谓的情侣间的义务来束缚自己。每当她联系不上他，或者他不给她回话时，她就开始提心吊胆。

这种担心在她以往的生活中并非典型。亚历克斯喜欢冒险。但是，只要她开始谈情说爱时，一切都改变了。开始亚历克斯反对保尔的做法，但后来她发觉，要让保尔改变这一点是不可能的，于是她渐渐接受并忍耐了下来。与亚历克斯以往的许多短暂的男女关系相比，这次两人的关系堪称亲密。

爱娃

爱娃，30岁，家庭妇女。她在大学学习建筑时，认识了理查德。他比她自信多了，她非常崇拜他高雅的谈吐和事业的成功。他请她吃饭，追求她，并且马上向她求婚，要她做他的妻子。因为爱娃在与他的恋情关系中总有一种奇妙的安全感、被保护感，所以她很快就嫁给了他，尽管当时她还很年轻。结婚后她坚持完成了学业。大学毕业后她怀孕了。由于理查德在一个业绩良好的事务所担任年轻的律师，收入颇丰，爱娃便开始留在家中，照看她们的女儿。这位贤妻良母把家中一切事宜料理得很周到，理查德没有后顾之忧。后来爱娃也曾出去上班，但总是进进出出。理查德对她想工作的念头不予认同。

帕特

帕特，42岁，心理学家。她放弃了自己的心理诊所，在一个社会人权服务机构工作。几年来她工作很有成效，然而收入甚微。她为世界受压迫的人奋斗，还热心于环境和动物保护。在多年的情侣关系失败以后，“爱情”这两个字似乎已经从她的生活字典里抹去了。她工作认真负责，但得到晋升的总是其他人。她喜欢与持不同意见的人争吵，对任何人任何事都直言不讳。

罗莎莉

罗莎莉，25岁，在四人中年龄最小，是一个热爱生活的姑娘，梦想成为一名演员。她身材修长，头发金黄，看起来就像是克劳迪娅·希弗①和凯特·莫斯②的综合体。她在一个模特公司工作，每天半天，什么都干。有时她也会临时去当模

① 克劳迪娅·希弗：德国人，传奇超模。

② 凯特·莫斯：1974年生于英格兰，世界超级模特。

特，或者在博览会当向导。目前的男友比她大20岁，已婚有家室。他是模特界卓有成就的商人，有时给她揽活，让他的“小女儿”（他这样称呼她）有个舒适的生活。这个男人平时和他的妻子、孩子住在一起，如果要与罗莎莉幽会，就谎称自己要去开会。罗莎莉有时也会跟其他男人幽会，但由于她和男友私通的时间事先都经过精心的安排，所以她秘密幽会的事便很容易瞒过他，从来不会被抓住。她对性伴侣是他，或者是其他男人都不以为意。这种耳目一新的生活方式使她深受大家喜爱。她也不多想，只想尽情享受生活。只是有时她会扪心自问，随着年龄的增长，容颜的老去，她能干些什么工作才能使自己真正独立起来？

约会地点

一家舒适的意大利小餐馆，几瓶红葡萄酒已摆放在桌子上。餐馆的年轻老板弗朗西斯科用亲吻和拥抱欢迎着他最喜欢的顾客。

帕特已经坐在桌边，红头发盘成一个发髻，服装适宜，但不时髦。她正与隔着四米多远、站在柜台后面的服务员格奥吉大声讨论着菜谱。

亚历克斯来了。她径直朝餐桌走去，全然没注意到弗朗西斯科落在她崭新商务装上的欣赏的目光。也许她打心眼里觉得弗朗西斯科只不过是个要为她们提供意大利面条的服务人员而已。今天她穿梭在各个会议间，一整天都顾不上吃饭，她的心情也变得急不可耐，很厌烦弗朗西斯科意大利式的拥吻。在桌边坐下时，她盯着帕特，一字一句清清楚楚地告诉帕特，她那么大声地与一个服务生聊天实在不得体。

帕　　特　不再与格奥吉聊天了，她转向已坐在桌边的亚历克斯。嘿，亚历克斯，你看来急不可耐，现在就想吃意大利美食了。

亚历克斯　勉强地笑了笑，每当她想狡黠地回答问题时，常常都是这副表情。她有些生硬地说：那还用说，疲于奔命的一天，疲于奔命的一个星期，疲于奔命的一年。这些会议简直快让我的神经崩溃了。

帕　　特　给她和自己斟上葡萄酒，微笑地回答：我不是跟你说过吗，为一个公司那么卖命不值。再说，你已经跟你的上司说过，你一天工作不能超过14小时，对吧？

亚历克斯 瞪了她一眼，往常她那种值得钦佩的自我克制此时也耐不住了：不卖命怎么能有成果？我有我成功的做事方式。

帕　　特 觉察到她自己的问话有点儿过分，于是以缓和的语气说：我只是担心，你瞧你都累成什么样儿了，脸色苍白，又那么瘦。怎么样，就像以前总要问的，你和保尔的关系还好吧？当她一说完，立刻就意识到，这个问题又提错了。

亚历克斯 用开玩笑的口气说：谁是保尔？

这时饭店的门开了，爱娃进来了。她小心地环顾四周，仿佛饭店是个危险的场所，她听凭弗朗西斯科对她的拥吻式欢迎。当她发现她的女朋友时，脸上露出了喜色，并立刻朝她们走去。

爱　　娃 对不起，我又来晚了。小尼科不想上床睡觉，而理查德，他……

帕　　特 翻了翻白眼。

亚历克斯 没关系。但是咱们私下说，你那位神圣的丈夫，难道他就不能把孩子弄上床？

爱　　娃 用稍带责备的语气说：你知道，每次他回家，总是那么筋疲力尽。我今天晚上来这儿，他也没有反对。我马上给他去个电话，告诉他，我已经平安到达了。

亚历克斯 转了转眼珠。

突然，餐馆就像大舞台，启幕豁亮了：男人们的目光都齐刷刷地转向餐馆大门，饭厅里充满着窸窸窣窣的调笑声。三位女朋友不用回头就知道，她们中的第四位要“闪亮登场”了。

帕　　特　怎么样，过得很美吧？

亚历克斯　如果他有时间，我也放松一些，那么我们也许会在一起过几天美好的日子。但是他压根儿就没时间来看我，满脑子都是工作，根本不把我当回事儿。我专门抽出一点儿时间处理这事，我反问自己，为什么我找他约会，他却不来。我气他，气他的笔记本电脑，气他没完没了的会议，我怒不可遏跑去当众把他大骂一顿——也许就因为这，他不爱我了，甚至觉得都没必要给我回电话了——瞧，这就是整个的“剧情”。另外我还指责他，在他那里事业永远排在第一位，因此他根本不可能去爱一个人。我说的话大概有些过头。他接着就是理论一大套，喋喋不休地说起自由啦，我们的协定啦，每个人应该有他自己的生活啦……直到所有的温情在辩论声中消失殆尽，余下的只有失望和孤独。他自然还提到，他不需要指责，不需要占有权和疯狂的情感，并且说我变得越来越不可理喻了。他说的最令我伤心的一句话是，每个人归根结底都是形单影只的。他说这话时，我的心都凉了，我并非想在爱情中做些什么，我只是希望，希望在任何时候都有个人存在，可以百分之百地信任他，并且从他那里我知道，他爱我。而他的那番言辞，说什么人归根结底到头来总是孤独一人，几乎要摧毁我心中的信念——就这样我离开了他。她喝了一口葡萄酒，慢慢地说着，继续思索着。

　　但有一点他说对了，维持关系要花很多的时间和精力，而我们俩都是事业型的，事业比爱情更重要。早在开始时他就说，我们别把太多的精力放在爱情上，不然的话用在工作上的精力就要减少。老实说，我也不会为了一个男人牺牲我的事业。我根本不是他合适的对象。

帕　　特　他这么说了？

亚历克斯　没有，从来没这么说过。他只是说，我们两个必须走自己的路，不能将我们的关系放在首位，如果这一点我不同意，那么我就得干脆走人。

大家沉默无语。

帕　特　亲昵地抚摸着亚历克斯的胳膊。你们这是摆的什么迷魂阵？其实你们俩想要的东西都是一样的，亚历克斯！你别骗自己了，要是一个男人日复一日时刻只等着你召唤，按你的指挥棒东奔西跑，最终你也受不了。

亚历克斯　抽出她的胳膊。是的，你说得不错，他对我爱得不够——但那又有什么办法呢！——我还有更大的麻烦……在飞机里，我不停地痛哭，虽然我知道，一下飞机我就要在一个董事会上介绍一个新产品，包括第一个广告设计——一方面我还没有灵感；另一方面我的眼睛肿肿的，我不想这样露面……突然亚历克斯满面春风。那时我灵机一动有了主意：像我们这样的女人需要一支化妆笔，在哭了几小时后，用它可以将眼部哭肿的部位描回去，它让你在泪水中感到清凉舒适，容光焕发，似乎你刚经历了美妙的一夜。我在最短的时间就把广告词写完了。一个悲伤的爱情故事——一个哭肿了双眼的女士坐在一架飞机上，在空姐以及其他乘客同情的目光中，背景响起伤心的音乐——然后这位女士把手伸进手提包里，拿出那支小小的清凉化妆笔，它不仅可以抹去你脸上的悲伤，而且也可以抹去你心灵深处的伤痕——嗯，至少这么插播——然后化妆笔闪亮登场。从产品的剪辑到全方位展示。我的董事会听后异常兴奋——但永远不会有人知道这背后的故事，不会知道我的这个灵感究竟从哪里来的。

爱　娃　多么令人悲伤的一个故事！我为你感到遗憾——但是爱情关系就意味着妥协和让步，我想，他是爱你的。

亚历克斯　爱？每当我们相遇后又要分别时，它至少给我带来的是痛苦。

帕　　特　若有所思：如果你给爱情打上了这样的标记，我亲爱的，那么你就会烦恼不断。

亚历克斯　你说得不错，总有问题。不管怎么说，我现在是广告片的负责人了。

爱　　娃　值吗？如果你身体不好，现在有谁可依靠呢？

亚历克斯　啊，爱娃，要是没有这类让我倾心的男人，我也不会身心交瘁的。再说，我还有你们，对吧？爱情真不值。我现在又与雷蒙重新开始我们的关系了。与他发生性关系就像缓慢的舞曲那样，完事后他回家，而我也享受自己的安静。也许全力以赴投入事业的女人不再存在了。

帕　　特　我们得到的只是我们认为该得到的。只要你坚持相信，你的事业成功必须以付出情感生活作为代价的话，那么这样的故事在你身上还会不断地重演。

女朋友们沉思不语，面面相觑。

帕　　特　贝尔恩德对这事儿怎么说？贝尔恩德是哲学家和心理学家，他是亚历克斯最好的男性朋友——在她的生活中，他是真正的唯一对她百依百顺的男人。桌边的女朋友都在想，为什么这两个人不能走到一起呢？如果这样，也许亚历克斯永远也不会有新的灵感来创作广告词了，但是，亚历克斯对不花力气、轻而易举就能猎取到的东西不感兴趣。

亚历克斯　他容不下风流韵事，为此他恨不得把我打死。你是了解他这个人的，对于他来说世界上只有黑的或白的，圣女或荡妇。

爱　　娃　用细柔的声音说：我真佩服你，工作总那么有成就。我自己真愿意再投身去从事建筑师的职业。

帕　　特　这么说，你已经去找工作了，是吗？

爱　　娃　哦，没有。你知道，我很想这么做，但是理查德希望我全身心照顾女儿。

帕　　特　你们的女儿今年秋天不是要上学了吗，那你就有更多的时间可以去为你的工作操操心了。

爱　　娃　是的，不错。但总得有人去接送她，况且下学后还要辅导家庭作业等等。

帕　　特　你可以早上送去，让你妈妈去接，这样也许你可以先试着半天工作，对吧？

爱　　娃　对，但事情不都那么简单……

帕　　特　你说，你真的想重新工作？

爱　　娃　是的，我真想重新工作，但是我的理查德认为这么做不妥。

帕　　特　略有些生气：天啊！爱娃，在你的生活中还有没有比理查德更重要的事情呢？你自己到底有没有主见哪？

爱　　娃　你知道夫妻关系是什么吗，帕特？在这个世界上你可以不需要任何男人，你有自己的工作，去拯救鲸鱼和鲨鱼，天知道它们藏在世界的哪个地方，你在工作中获得了乐趣。而我不同，对于我来说，我的丈夫和我的孩子是我的一切。

帕　　特　既然如此，但愿他也懂得去珍惜，我亲爱的。我想，按其他人的意愿去安排自己的生活，这很不值得。但这是你的选择，那么你就只好不工作了——你们也就风平浪静好好过日子算了。

亚历克斯　爱娃，你老实说，如果你一生不认识理查德，那你的生活会是什么样儿的呢？

爱　　娃　脸色变得苍白。我根本无法想象没有理查德的生活。她垂头丧气地坐在那儿。大家都在等待，她是否有什么要补充说明的，但她沉默不语，其他人也觉得，这样的气氛不好——但这种气氛仍旧持续了很久。因为大家心里都明白，她就是这样的人，所以就不再抓住这个话题不放了。

亚历克斯　对帕特说：你的工作还顺利吧？你的项目现在有进展了吗？

帕　　特　一想起这件事我就生气！我打报告申请担当这个项目的负责人。这个项目我多年来一直在参与，功不可没，终于成功地获得大笔赞助，可以付诸实施了。我用了两天，没日没夜地制订计划。没有人像我如此熟悉这个项目，没有人像我那样知道整个项目的来龙去脉，也没有人有我那么大的决心和坚定的信念……

亚历克斯　那么后来呢？

帕　　特　他们对我的勤奋赞不绝口，把我的计划拿走了，而派了一个讨厌的金黄头发的母牛诺依曼当头儿。

亚历克斯　那么你对此做何反应？

帕　　特　听着，我先是向那个愚昧无知的白痴上司说出了自己的意见！在这个该死的男人世界他们想怎么做就怎么做，只有美貌的女人有机会为了得宠去卑躬屈膝，低三下四。

亚历克斯　你上司对你的感情冲动有什么反应？

帕　　特　什么叫感情冲动？我说的都是事实。你在这儿就别火上浇油了，好不好，亚历克斯？！

爱　　娃　用抚慰的口吻说：咳，饶我们一命吧！我们可是你的朋友啊！

帕　　特　有些哑口无言。那个诺依曼说，恰恰是我冲动的性格才是我没能得到这个职位的原因。真无耻，这跟冲动根本就不搭界。这种职场上的不公平，真令人发指！总会有人出来主持公道，改变这种局面。

亚历克斯　那你的意见起作用了吗，改变了什么？

帕　　特　没用，什么都没改变。那个诺依曼担任领导，高高在上，拿高工资，而具体的活儿我干。真恶心！

亚历克斯　温和并深刻地分析道：帕特，你是一个聪慧的人，但你直言不讳的个性在不断地伤害着你，而到头来一切照旧，丝毫也没改变——这你也知道。

帕　　特　是啊，真该死，又忘了。但是我就是我。对我们这种父权制的社会我甘拜下风，我以后绝对不干这事了。

亚历克斯、爱娃和罗莎莉从各自的酒杯中抿了一口葡萄酒。

罗莎莉　嗯，有时深情地飞一个眼神就有人主动过来帮你解决这个或那个难题。你知道吗，最近几天在我身上也发生了类似你的事儿。

帕　　特　凝视着罗莎莉，有些敏感。你指的是什么？

罗莎莉　啊，是这样的：我申请上戏剧学校。因为申请的人太多，所以学校只从申请者中邀请60%去面试，从中再淘汰一半。我总算闯进了面试，后来他们对我说，我没有达到表演所要求的深度和感情表现，台词也说得不好。我的天哪！我在演莎士比亚在阳台的那一场戏时干脆把台词说错了。她声音颤抖。不要指着月亮起誓，它是变化无常的，每个月都有盈亏圆缺，你要是指着它起誓，也许你的爱情也会像它一样无常。她转动着眼珠，噘起嘴巴。请告诉我，罗密欧，我是否赢得太快了？她稍做休息。谁今天还要胡说八道？

帕　　特　你申请的究竟是哪一所戏剧学校？

罗莎莉　莎士比亚基金会资助年轻演员学习的古典戏剧学校。

亚历克斯　费力地挤出一丝冷笑。难道你想成为古典戏剧的演员吗？

罗莎莉　怎么，试试总可以吧？这个星期第二件失败的事出在我的工作上。他们要为在巴塞罗那的一个为期四周的工作找个项目女主管，负责管理模特，我提出了申请。得到的回复是婉言的回绝，理由是她们不缺我这样的人。后来他们把这个工作给了我的同事，她工作的时间比我可短多了，另外，她总是以领导者的架势居高临下地与姑娘们交谈。我想，他们不相信我的工作能力，以为我只会非常友好地坐在接待室里，欢迎来客，不断地去煮咖啡和提供服务，仅此而已。他们对我的看法总是很片面。你瞧，亲爱的帕特，不要以为只有你的日子难过。

帕　　特　那么，你跟情人康斯坦丁的关系进行得怎么样，他的妻子是否把他赶出门儿了？

罗 莎 莉　啊，他非常迷人，非常迷人，他热情地请我吃饭。下周他要带我去威尼斯过几天。

爱　　娃　你不觉得这么做对他的妻子很不公平吗？她待在家里，守着孩子，而她的丈夫却与他年轻的情人在圣马可广场上闲逛。如果我的理查德这么做，我就会天天缠着他，让他受不了！

亚历克斯　你会这么做？或者你干脆装作好像什么都没觉察到，心里希望他改变。怎么样？

爱　　娃　你为什么问我这类问题？我的理查德从来不会欺骗我。

帕　　特　用嘲讽的语气说：康斯坦丁的妻子多半也是这么想的。别再听信那些甜言蜜语了，全是胡扯！通奸是男人的本性，而很多女人也好不到哪里去。她会意地看着亚历克斯和罗莎莉。

罗 莎 莉　我认为，不必去忠于一个已婚的男人，他对他的妻子也不忠。

帕　　特　这是什么逻辑——但他对你忠不忠吧？

罗 莎 莉　我一点儿都不想知道，他到底忠不忠。

帕　　特　怎么，他干什么你都无所谓，到头来都是康斯坦丁的责任，而你似乎对此也无动于衷，这也给你的放荡行为找到了最好的借口。我觉得，你最好要有自己的主见和决定，不要被动地依赖别人的安排去行事。对吧？

罗 莎 莉　也许吧——但那种生活比较简单，也不必那么麻烦。不过我会去做的。也许将来对没有结过婚的男人我也不会忠诚的——当然也会感到亏心。好吧，你还有其他什么建议？

帕　　特　例如，你可以将更多的精力投入到你未来的职业中去，你不会永远这么年轻的，亲爱的罗莎莉。

罗 莎 莉　哎呀，好了，我们还是谈点儿其他的事吧！

对各种模式的分析

分形观察法

物理学和基因技术都告诉我们，一叶落而知天下秋，以小见大。借助一个单个的体细胞就能复原整个生物的原貌。因为在一个体细胞里蕴藏着所有的基因密码，就像物理学中一个粒子里面有一个完整的宇宙那样，它体现了宇宙的分形结构。如果将这一理论折射到心理学上，则表示，所有的信息基本上都包含在人们的一句话、一个动作，以及相互的交流中。这些信息可以有助于解释他们的过去、理解他们的现在，在某种程度上，甚至可以预见他们的未来。例如，在两个人的第一次相遇中，人们从他们互动的表现就可以推测出这两个人的故事将如何发展，他们会遇到什么难题，他们的表现属哪种模式，有哪些解决问题的技巧。当然现实不会那么简单，因为人在成长，会根据环境的变化而做出自己的变化。尽管如此，分形观察法这种模式仍极为有益。

让我们用分形观察法来审视显示这四个女人故事的水晶球吧，看看她们为什么会这么做，又是如何做的。探讨她们的行为模式、信条和生活中的谎言，以及有可能源自童年的诱因。借助她们的故事可以诠释常见的女性模式，揭开其神秘的面纱。随着各种模式的清晰化，我们就找到了影响和禁锢我们生活的力量，就能成功地去改变它，使我们到达-一个更加自主的境地。

亚历克斯——坚定果敢的美狄亚，将每一个爱情故事都演绎得激情四射，并以戏剧性冲突告终，她是这方面的天才。

亚历克斯是典型的事业型女性。为了事业的成功她可以有意或无意地放弃一切。她始终坚定不渝地按一个模式来打造自己的生活。事业就是一切，感情生活占据次要地位，但她不想承认这一点。由于在事业和爱情上她都是御姐，因此，她的爱情往往会产生在她的事业经历中。她给自己挑选的男人，像保尔，其实都与她属同一类型。如果说不一样的话，只是男人们比她更怕爱情关系影响工作。在亚历克斯的观念中，事业的成功和爱情的幸福只能二者选一，她从来不奢望这两者能够兼得。我喜欢将这一女性的模式称作“卡拉斯综合征”。玛利亚·卡拉斯[①]在舞台上的表演精湛至极，但是她的演技是从她悲惨的爱情生活中提炼的。“只有当我登台唱歌，我才被爱。”这句话表现了她悲惨的爱情，爱情给她带来了无尽的荣誉和成就，但也给她带来了无尽的痛苦。这类模式的女性所具有的爱情关系几乎只能给她们带来悲伤，因为她们在建立起每个恋情关系的同时，随即就担惊受怕起来，害怕因为这种密切关系失去自我，影响她们的事业。现在我们不妨借助她的语言和行为来探讨亚历克斯的模式：

证据 1

“不卖命怎么能有成果？”

模式

她的决断是根据成果，而不是幸福。她想得多，感受得少。她感觉到的，一定是痛苦，因此有时她需要将痛苦像吃药那样咽进肚里。他的爱让她感觉到生气勃勃和有价值。她从中获取了能量和创造力，痛苦是她成功的动力。

证据 2

每当亚历克斯联系不上保尔时，她就开始担心。

模式

她希望生活中有个伴侣，特别当她需要的时候，可以召之即来，但并不需要他一直陪伴在身边。她期待的是一种可联系性，这完全符合她当领导的职能。她其实就是希望，其他人随时准备听候她的召唤。情人没给她回话，她便小题大做，

① 玛利亚·卡拉斯（1923—1977）：著名美籍希腊女高音歌唱家，被称为“20 世纪的歌剧女神”。一生事业辉煌，但婚姻不幸。第一个丈夫是她的经纪人，这场婚姻是歌唱家与经纪人的结合，除了工作，没有得到真正的爱情，直唱到失去嗓音。后来成为希腊船王欧纳西斯的情妇，最终被抛弃。卡拉斯悲痛欲绝，歌唱事业也因此终止。

这与她激情和夸张的整体人格构架息息相关。她没有真正领悟的是，她想在爱情关系中受到关照、得到爱，但她所采用的获得爱的方式不是一个成熟女子的方式，而是小孩子的伎俩。这与她平时在工作中的表现显然是矛盾的。这种做法会有意或无意地导致对方想摆脱对她没完没了的呼叫压力。再加上亚历克斯所爱上的人很少属于感情付出者，却往往都是追求自由的“孤独的狼”。

按语：为什么女人们总是忧心忡忡，为什么男人们总是不回电话？

很多女人都喜欢将配偶“不打电话，不联系”解释为不爱了，这是在爱情关系中最经常出现的弊端。女人们往往钻进这个死胡同中走不出来，她们总是用“如果……就……”的条件句去建立起他们之间的联系。例如：“如果他不给我打电话，那么他就是不爱我。”

那些相信只有做出成绩才能收获爱情的女士们认为，她们的价值高低取决于她们的成绩大小，她们喜欢通过她们的伴侣、上司或者其他人的行为来定义她们的自我价值。由于这类女士只有在取得了成绩、得到了对方的回馈时才感觉到被爱，所以显而易见，当她们没有收到积极的反馈时，她们就会走向对立面，认为对方不再爱她了。下面的想法会在她们的头脑里作祟：

- 论点 1：对自己的座右铭是：“我始终都能做到给所有的人回电话，除非他们对我而言非常不重要。”
- 事实 1：他没有回电话。
- 论点 2：返回自己的座右铭：“如果人家没有给我回电话，那就是因为我在他人眼里没有价值了。”

“没有价值”这几个字深深地扎根在她的潜意识里，一旦“风吹草动”，它就经常以巨大的力量和无法控制的动力涌向生活。下面的图解表明，这种模式在心理动力上如何影响爱情关系。

如果爱你的那个人没有马上回电话，可能出于下面所述的一个原因：

关系模式：亚历克斯

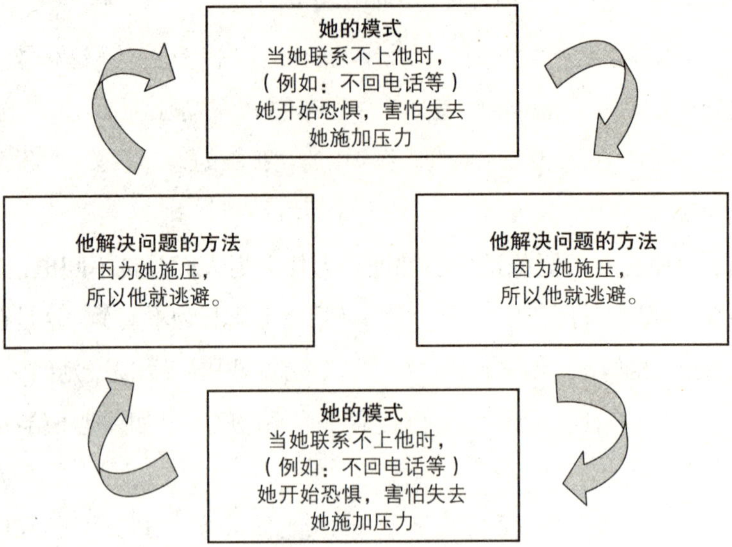

1. 他有很多事要做，无论如何抽不出时间。

2. 他没有受到及时回信的良好教育。

3. 他有意无意地表明他拥有自由的权利。

4. 事实上她在他心里不够重要，不足以去打电话。

如果男方的原因是前三个，那您在这方面花很多精力就没意义了。您越关注这一点，他在两人关系中占据的空间就越多，并且存在着“好事变坏事”的危险。您不如不去关注，不要再从对方是否回复中去寻找对您行为正确性的认可。如果第 4 点是男方提出的理由，您就与他分手，或者在您的生活中只给他保留一个位置，他在您密友名单中的排序不要高于您在他密友名单中的位置。分手是痛苦的，但是长痛不如短痛，男人不看重女人，女人就不值得为这个男人去劳神费力。您应该受到尊重。

再回来看看亚历克斯：同一个模式相反的做法，即不是男方逃避，而是女方由于男方对她太多的关注，太过于亲近了，所以她选择逃避。

关系模式：亚历克斯（相反做法）

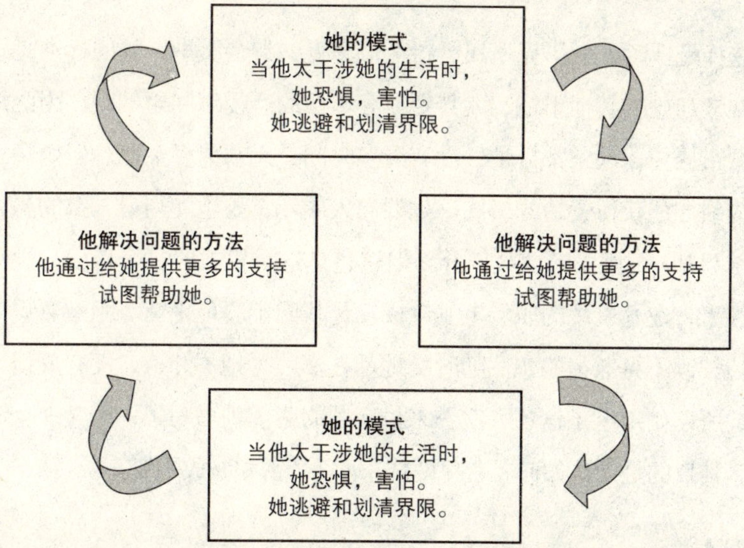

亚历克斯在她的艳史中经历的便是这种模式。这是她现在体验到的合乎逻辑的情感循环。

只要她不为自己解决“亲密—疏离”这一主题，那么在她中伤的话语中就能不断地听到“他不在这儿”，或者“他到这儿的次数太多了”的指责声。不管从哪个角度看，两个模式有一点是一样的，双方都害怕太亲密会损害关系。在第一个例子中，她结交的情侣对她不亲密。在第二个例子中，她受不了他的亲密。在个人越来越变得孤独的社会里，这两个模式都经常出现。两个例子的结果是，情侣关系不成功，没有真正带来机遇。

证据 3

“我根本不是他合适的对象。”“爱？每当我们相遇后又要分别时，它至少给我带来的是痛苦……”“亚历克斯对不花力气，轻而易举就能猎取到的东西不感兴趣。”

模式

在选择配偶时，亚历克斯属于持久又多变的混合类型。她的标准是，男方始终都不要参与她的其他事情，尤其要摒弃传统的恋爱观和婚姻观。因此最好不在同一个城市居住，大家都挺忙，没有很多时间，无须更多关照。但她又重复着只有取得成绩才能获得爱情的模式。她要向人展示，她也能与最难搞的男人和睦相处。而结果却是：她不断地被离弃。但这也是这种模式的一个特征。她成了爱情上的牺牲者，在她拿手的职场上她以成功又找回了心理平衡。她潜意识中事业成功与爱情美满不可兼得的想法随时随地都在奏效。她不知道，没有成绩也可以获得爱情，所以她走上了这条大家看来最辛苦的路。她书写了一个又一个不幸的爱情故事，其目的是无论如何要避免两样东西：亲密和一成不变。

证据 4

“……但永远不会有人知道这背后的故事，不知道我的这个灵感究竟来自哪里……”

模式

“我内心想什么，跟谁都不相干。”——在公众场合她总是扮演光鲜亮丽、信心十足的成功女性。而她为此付出的眼泪和代价却只跟女朋友们倾诉。承认自身的弱点和公开自己不闪光的一面对于她是很难做到的。

模式的由来

也许在童年时代大人对她要求很严格，她必须拿出好成绩，才能得到承认、表扬和大人的温情。属这一模式的人都固守这样一条准则：做每一个抉择时，唯一考虑的是，能否带来成果。永远把成功放在第一位，而不是过程。女性的特性在她身上弱化了。也许她不想成为母亲的翻版，所以去效仿父亲，为的是首先得到父亲的赞赏。她认为，她现在也必须在事业上建功，才能在爱情中收获。这种只为“被爱”而去创造成绩的想法与当今的世界观格格不入。她没有好好地将自己定位在女性世界里。因此，为了能在工作中有所建树，她效仿男人拼命去干。这一招在今天的职场中还挺起作用，让女性的职业生涯“芝麻开花节节高”。但是为此付出的代价是失去了女性的情感，事业上的辛苦付出，收获的却是感情生活的不幸。

因联系不上爱人而产生恐惧，这个问题其实在出生后的几个星期就显现了。不妨想象一下：在孩子绝对要依赖母亲的那个阶段，如果能得到很好的回报和满足，他内心便形成了一种信任。长大成人后，他也会将这种信任带进爱情和对配偶的信赖上。另外，女孩子也逐渐认识到自己的女性身份。如果一个女孩在孩童时感受到了无条件的爱，长大后无须要求对方事事应答，也能无条件地获得爱。而如果她儿时没有这种感受——大概亚历克斯就是这种情况——那她就不断需要对方的应答。如果得不到满足，她就害怕，担心会失去爱情。这些恐惧均是非理性的，而且很难摆脱，因为它不停地袭扰人们，尤其在夜里，当你在睡梦中处于没有意识的状态时，它就跑出来戏弄你，开让你恶心的玩笑。

生活中的谎言

这类女子的生活谎言是：“如果男人们能与像我这样的女强人和睦相处，我就能有一个很好的情侣关系。”

坦诚地问一下：为什么女强人会被好男人离弃？难道因为她们是女强人，或者因为她们总是吵吵闹闹，吃醋嫉妒，不能忍受在爱人的生活里，还有比她们更重要的东西？

许多女强人的弱点在于，她们表面上表现得很强大，具有很强的自信心。然而这种强大常常源自于她们的自恋。她们对情侣、同事或者上司都有很高的要求。一旦这个要求没有满足，火象女子就对另一方的弱点产生一种蔑视的情绪。她向对方毫无保留地流露出她的蔑视。当然不排除有些男人有可能是因为女人太强而离开的。为这种男人而落泪显然是不值得的，当做学习的体验就是了——就像平时遇事哭了一回而已。但有时，流眼泪只是因为自身的自恋受到了伤害。

每个人都必须知道，受到伤害就会招致报复，而报复又一直作为伤害被感受到。这里就有可能形成一个可怕的循环：

模式：伤害—报复—伤害—报复

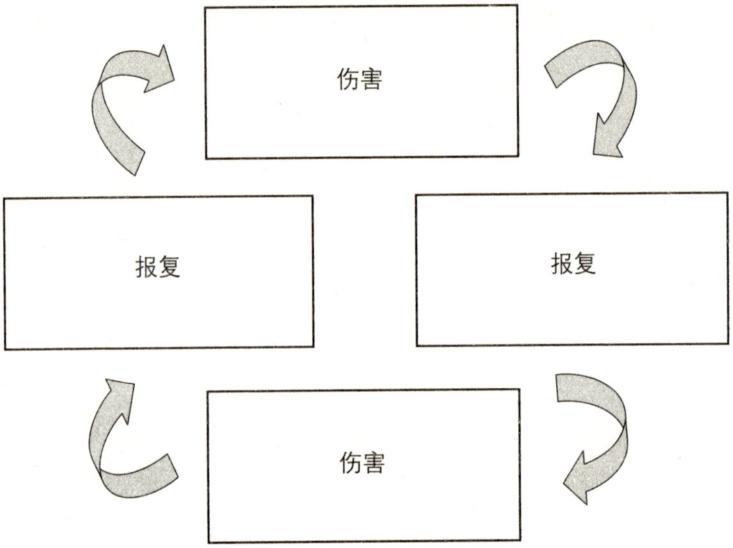

结论

当一位火象女子将辉煌的成功和结果作为目标，成为她获得事业成就的动力时，由于她很少关注自身的存在，所以只留给自己很少的空间。她陷入了为了得到表扬和认可而掩盖自身存在的危险之中，并且东奔西跑，忙得四脚朝天，筋疲力尽。时代在变化，女性在管理经营上的优势越来越受到青睐。女人可以超女性地发挥，只要她自己牢牢地占有男性领地和扮演男性角色，她就要竭力阻止男人溜进这块领地。因而总是在疲惫不堪的竞争中结束。其实如果她更多地依靠女性具有的独特的诱惑魅力（像喀耳刻），而少一些相信男性的报复原则（像美狄亚），那么她根本就不必如此辛苦地去竞争了。

女人们一般都找与她们类型相配、适合她自身发展阶段的男人作为配偶或情侣。一个像亚历克斯这样的女子，只有当她解决了亲密和疏离这个问题后，她才能接纳真正想亲近她的伴侣。只有当她中止蔑视其他人时，她才不会那么经常地受到伤害，才不会继续把弱点暴露给对方。但只要她不改变现在的关系模式，在她今后遇到的男人身上，她总会感受到该模式以不同形式给她带来的痛苦。

爱娃——依赖他人的普赛克，没有能力自己主宰生活。

证据1

“……很遗憾，我又来晚了……”

模式

她走遍世界都带着这个座右铭，她明白，抢先表示顺从比各种形式的吵架要好。这一点也体现在她的身体姿势上，她匆匆忙忙地道歉，并强烈地渴望，将和谐带入谈话的自始至终。她无法忍受的是，人们有可能不喜欢她。与亚历克斯不同，她不想通过成功，而想通过她友好的女性特质来获得爱。

证据2

“……我很想这么做，但是理查德希望我……”“……对，但事情不都那么简单……”“……是的，我真想重新工作，但是我的理查德认为这么做不妥。”

模式

爱娃没有自信心。因为她自己不承认这一点，所以她就找一个可以替她补上这个缺位的配偶。她缺少勇气干的事，他全都大包大揽了。

证据3

“我根本无法想象没有理查德的生活。”

模式

她将生活中几乎所有事的责任都交出去了。其危险在于，她这么做完全是无意识的。面对日益增长的不满，她没有在自身上找原因，而是归咎于“参与游戏”的丈夫。这是一种正统的婚姻关系模式。它的解体一直要等到其中一方开了窍，幡然悔悟，从而中断了模式时才会发生。如果理查德安排了一个保姆，并支持她走自己的路，爱娃又会怎么做呢？她就没有借口了，不得不面对本身的问题了。

模式的由来

爱娃很可能是受到了很传统的教育，总努力地将自己与母亲等同起来。从母亲那里她学到了，男人就是要保护女人的，她完全模仿这一模式生活。或者，她有一个苛求的母亲和一个宽恕的父亲，他为她清除前进路上遇到的一切困难。不管是哪种情况，她没有好好地学会，如何克服他人的阻力取得成功。她不惜任何代价去讨人喜欢，并且认为，只有她乖巧温顺，她才会被接受。她想，如果她不去迎合，她就会被离弃，她可不敢去冒险。这一模式大约从两岁起就形成了。小姑娘开始模仿父母简单的行为，所以父母的价值观对孩子起着参照作用，孩子将故事和童话都看做真的。在孩子的认识系统里产生了“如果——就”的条件关系：“如果我听话，乖，那么妈妈和爸爸就爱我——一切都好。”同时，奇幻思维为孩子的自我调节找到了出路。孩子相信，通过愿望和想象能将虚拟的东西创造成为现实。许多电影剧本，或者我们在生活中达成的条约都常常以此作为素材，这些被看做可以自行实现的预言，之后一般都得到应验，成为真实。这些样本符合人类早期对权利的渴望，不管是正面的，还是负面的。在这个阶段，小女孩开始发现外部的世界——她们是那么喜欢征服这个新世界，她们也同样那么强烈地渴望在母亲的怀抱中得到保护。在爱娃身上，这一愿望原封不动地转移到她丈夫理查德的身上。因此，她很难从这种依赖关系中挣脱出来。与亚历克斯恰恰相反，爱娃牢牢把自己定位在女性世界里。她视男人为最强大的靠山，作为女子，她觉得自己处于劣势，并寻找保护者。但是她自己不承认，归根结底她是害怕自己去职场上打拼，因此她无意识地挑选了一位能主动为她独当一面的男人做丈夫。

关系模式：爱娃

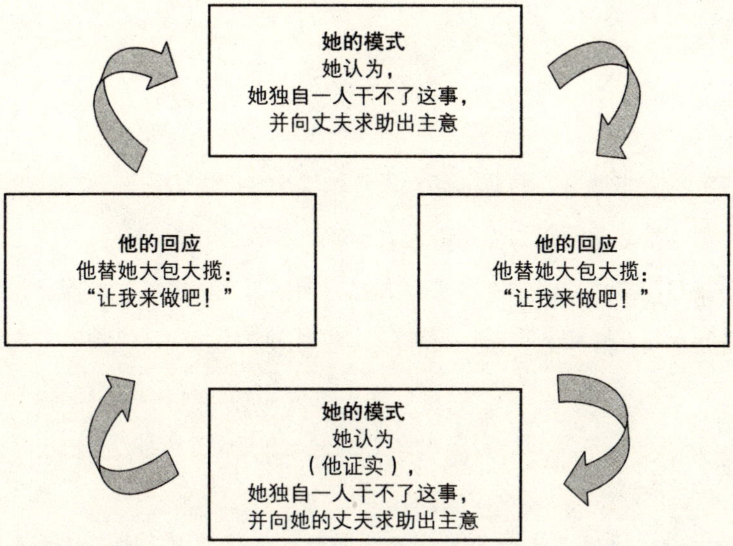

生活中的谎言

这里的谎言是：“如果我丈夫不禁止我去工作，我肯定会干出一番事业来的。”

结论

如果这类女子能坦承，她们在生活中确实有自己的愿望，那么她们就会幸福和满足。在她们害怕应对生活中的某些困难时，不要把难题推给她们的情侣。当然，这类女子选中的爱情伴侣恰恰能包容这一切，并且为能保护她避开臆想的生活危险而感到舒心。但事实上，寻求保护，趋向安全等所反映的恰恰就是本人要回避的模式。

帕特——好斗的亚马孙女人，采用鳄鱼般的交际手段。

证据 1

“……我不是跟你说过，为一个公司那么卖命不值。”“既然如此，但愿他也懂得珍惜，我亲爱的。我想，按其他人的意愿去安排自己的生活，这很不值得。”

模式

帕特是一个非常热心的亚马孙女人。她生来认知能力很强，相比之下，她的感情太少了。她考虑问题的思路就是，干什么有收益，干什么没有收益。尽管她在社会公益部门工作，但她不再相信人心的善良，性格上不大乐观。在她受到攻击时，她就拿起女性权利，做出鲁莽的、毫无谋略的回应，她被压抑的情感也暴露无遗。

证据 2

“听着，我先是向那个愚昧无知的白痴上司说出了自己的意见！在这个该死的男人世界……”

模式

每当她生气时，亚马孙女人就对女人在世界上的地位怨气冲天，以此平息心中的愤懑。她对在每次冲突中表现强势的男人世界无比憎恨。她乐于帮助朋友分析问题并表现得很客观，而当涉及自己时，却不能做到理性和客观的分析。如果发怒，她的理智就荡然无存，她就会出言不逊，破口大骂，疯狂地用语言伤害他人。其结果适得其反。她只认一个死理，即因为自己太没有女人味儿了，所以在这个男人世界难以生存，而她的这个观点恰恰在现实中不断得到证实。她可以向其他人侃侃而谈，介绍那些正在变为现实的预言，但她却没有认识到，自己就败在这个问题上。如果有人说：“所有的男人都是白痴。”她会反驳：“不对，有些男人是十足的大笨蛋。”这种观点使她难以在一个男人主宰的世界上立足。

模式的由来

在她童年时代，她极有可能要依靠自己过日子，尤其是没有受到来自父亲的保护。也许她的母亲经常跟她说，男人都是最坏的人。因此，潜移默化的影响使她得出结论：太靠近人，特别是男人是很危险的。她选择献身于动物保护事业，来平衡她缺失的对人的亲近，因为相对人而言，动物令她担心受到的伤害要少多了。

关系模式：帕特

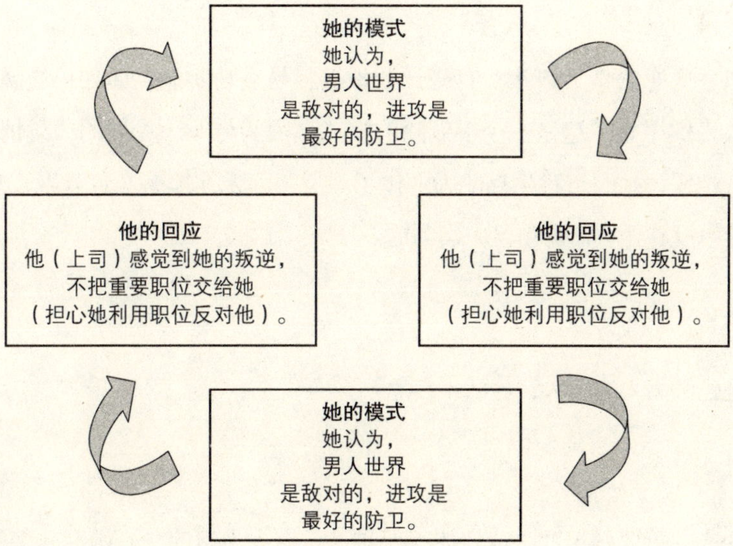

生活中的谎言

这类人的谎言是：“在生活中我不需要任何人，我一个人也会快乐幸福。”

结论

有时攻击并不是最好的防卫，只能招来反攻，最终导致孤立。女人带进社会的攻击性越强，在她们身上就会越早出现下面的弊端，即她们不会再去了解和学习其他人友善的优点了，因为其他人也要保护自己，避免受到她的伤害。只要自己坦率地与其他人交往，和平相处，世界上的帕特们完全有可能经常地给她的同事们了解自己的机会，这样才能无偏见地去等待关系的改善和发展。

可爱的罗莎莉——非常幼稚，但有导演生活的天赋。

证据1

她缺少在事业上进取的勇气。

模式

她似乎更愿意顺其自然。有些计划她很容易成功实施，而如果进展不顺利，就会有人来安慰她。这是一个很危险的模式，因为与亚历克斯的“爱情—成绩”模式完全相反，她的自我生存能力弱化了。罗莎莉无须那么辛苦劳累，她觉得在她的生活中没有什么值得自己去卖力的。

证据2

她是已婚男人的情人，生活不自立。

模式

她知道，只要她无助，或者值得保护，总有人来帮助她。她没有多想，全心充分享受这种待遇。她不会与其他女人们结成同盟，团结一致去对付男人，所以她对她的情侣是否已婚有家室毫不在乎。

证据3

“我认为，不必去忠于一个已婚的男人……”

模式

她并非真的要选择须认真对待的两性关系。她一边交往，一边想："只要他对我不忠，我也不需要忠于他。"但是，只要她没有真正委身于一个男人，委身于情侣同居，她得到的也只有半心半意的几夜情——因为付出和回报是相当的。谁完全接纳了对方，谁也会被接纳。这一模式显示的示意图如下：

关系模式：罗莎莉

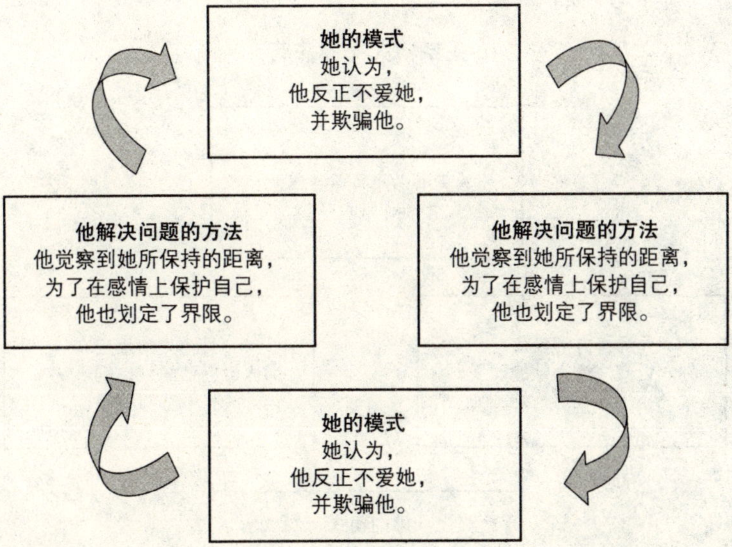

证据 4

"哎呀，好了，我们还是谈点儿其他的事吧！"

模式

"我们把这事推到明天去吧！"罗莎莉不想面对生活中不愉快的事。她试着做这做那，但总是半心半意。有了困难，就放弃。

证据 5

“嗯，有时深情地飞一个眼神就有人主动过来帮你解决这样那样的难题。”

模式

她总能成功地让男人们为她做许多事。这其中的危险是，她不是有意识地玩弄“打情骂俏，卖弄风骚”，而是真的相信，在她身单力薄时，她能得到帮助。由此她陷入了成为她自己玩弄的那套把戏的牺牲者的危险之中。

关系模式：罗莎莉

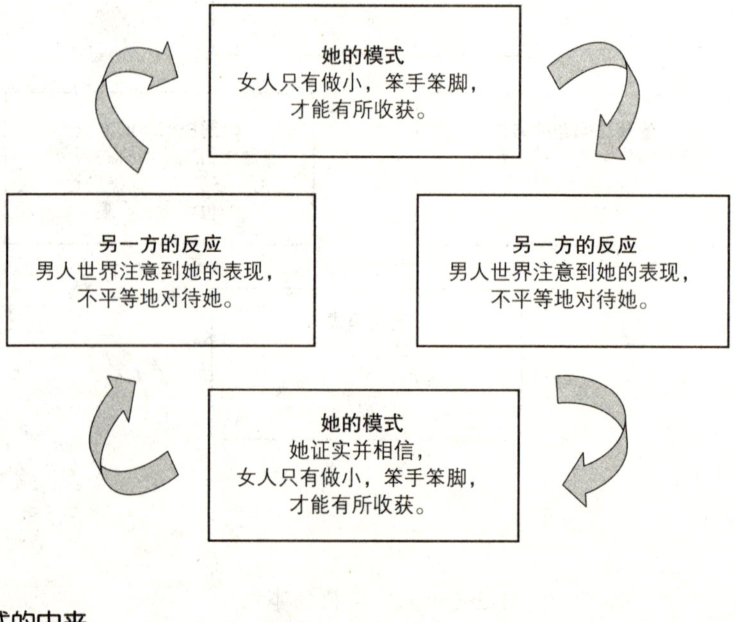

模式的由来

她在童年时代肯定从来不必劳神，因为她从父亲那里总是可以得到她想要的东西。她与母亲的关系可能有点儿紧张。她爸爸过去为她做的事，今天其他的男人们替她做了。她用她的幼稚方式和独有风格的呼唤“请保护我”，把这些男人都吸引到她的轨道上来了。

按弗洛伊德[①]的说法，对于准备与另一个女人争夺男人的女性有一种解释，即“恋母情结决定的三角关系”。这个关系从大约三岁起就产生了，在这个阶段，儿童在生活的社会范围内寻找着自己的位置。所谓三角关系是指，女孩着手与母亲竞争，和她争夺父亲，或者男孩与父亲竞争，争夺母亲。女孩认为，对于父亲来说，她比母亲好。而男孩则想击败竞争对手——他的父亲。这使人不由得想起希腊神话中的一个故事。

俄狄浦斯在不经意中杀死了自己的生身父亲，并且娶他的母亲为妻。让人瞠目结舌的是，这个不幸之所以发生，是因为俄狄浦斯的父亲拉伊俄斯国王在一则神谕中听到了这一预测，并且千方百计地想阻止其应验。为了避免灾祸的发生，国王把他的儿子扔在荒山中。这一行为的后果就是神谕预言的事一点儿不差地发生了。如果拉伊俄斯能接受命运的安排，不去做蠢事，就不会酿成子弑父的悲剧。希腊神话的悲剧效应如今在心理学中经常遇见。在人们身上发生的事，恰恰是人们想不计代价避免的事。弗洛伊德将他熟悉的恋母情结理论与反向避免策略的原则连接起来。

再来说罗莎莉。她也许没有摆脱自认为“正常”的三角关系，并且一直与其他女人处于竞争状态。只要她没有意识到这一点，她就会一直不断地与已婚男人密切交往，并非是男人吸引她，而是因为她用这一方式不断地证实她是个更好的女人，这就是她的模式。只有当她认识到，她情人的妻子不是自己的母亲，她才能放手，男人对她来说也就失去了魅力。

生活中的谎言

这类人的生活谎言是：“我是个幸运的孩子，一切都会很美好。我在生活中得不到的，肯定以前就不适合我。”

结论

罗莎莉认为，她总会化险为夷，转危为安。这一无忧无虑度日的女性受到很

---

① 西格蒙德·弗洛伊德（1856—1939）：奥地利精神病学家，精神分析学派的创始人。

多人的喜爱和帮助。对这一类型的女性，男人世界的反应是积极的，并且乐于提供帮助。不过不经风雨，就永远品尝不到完全依靠自己获得成果的甜美。只要有一次无人伸出援助之手，她就慌了神。她在女人中间制造的更多是竞争，因为在女人中，她的那一套“调情”伎俩是行不通的。只有当她将自己的生活掌握在自己手中时，罗莎莉才能取胜。而只有在她打通心灵之路时，她才能认识到，外表之美是短暂的，而内在之美才能保护自己，陪伴自己终生。

您想成为的女性：
决心去实现自己预定的成功目标

4. 模式的反省和突破

四个寻找幸福的女人——第二部分

让我们来设想一下，在一个人的生活中有些关键性的经历会给你敲响警钟，给你一个新的视野，即所谓的视角变化。人们幡然醒悟，并且对他们生活中不幸福的地方进行修正。这一观念也融入了那四个女人的故事中。她们中的每一个人都有过一段让她们开窍的经历，并使她们的人生之船改变了航向。在危急的处境中她们认识到，为了摆脱她们的悲剧，给她们的生活一个新的质量，她们必须改变自己身上的某些东西，即她们的构想、观念、信念，或者一些行为举止模式。她们感受到命运的暗示，接收到生活的信号，并做出了反应，这样她们的生活慢慢地，但肯定朝着一个对她们来说更好的方向发展。这一思想的转变并非一两天的事，人们需要时间、耐心，需要经受挫折和感情的起伏。

我们来看看，这四个好朋友在15年后再次重逢时会上演一些什么故事。亚历克斯和罗莎莉长期以来都住在很远的地方，帕特和爱娃见过几次面。

约会地点

还是在那家祥和的意大利餐馆。一瓶红葡萄酒已经放在桌子上了。散发着魅力的银发老板一如既往地用接吻和拥抱欢迎着他的客人。

帕特又是第一个到达餐馆的。她将花白的头发染成了红色，传统的发型让人感觉她充满活力，找不到一点儿年老的迹象。服装轻便，很适宜。她正在跟站在柜台后面的格奥吉聊天，格奥吉仍旧在当服务员。

亚历克斯来到餐馆，脚步坚定，轻快。她身穿接近银灰色的商务装，显得那么高雅、时髦，弗朗西斯科看着她，情不自禁地露出了赞赏的目光，她回以感谢的微笑。她的面容温和，眼光柔和，还带有一点点忧伤。但能看得出来，她还是那个爱开玩笑的人。尽管她刚结束与客户的会议直接赶来，但神清气爽，情绪极佳。当她在帕特身边的桌旁坐下时，她睁大眼睛对衣冠楚楚的帕特赞叹不已。

格奥吉端来了面包和橄榄。

亚历克斯和帕特 异口同声：我的上帝，你看起来不错啊！

她们大笑。

亚历克斯 你瞧瞧，我们化妆品的质量太好了，岁月沧桑也拿我们无可奈何啊。

帕　　特 哈哈大笑：那么说，你还在为你的公司生，为你的公司死？

亚历克斯 喔，不，我为自己活着，但我还是那么喜欢我的职业。我现在自己干，我今天的工作环境与过去大不一样了。

这时门开了，爱娃进来了。她没有让弗朗西斯科拥吻，径直走向她的朋友。

爱　　娃 哈，你们两个！见到你们真高兴。罗莎莉呢？

说话时门开了。

爱　　娃 微笑着。啊，她来了。

男人们的目光一下子转向大门，餐厅里发出一阵阵窃窃私语。罗莎莉一直都很懂得，如何走进餐厅将众人的目光吸引到自己身上。今天她又成功了，这次是因为在她身上散发出一种成熟女性的光彩，这也是她内心深处所希望的。她那金黄顺滑的头发映衬着精心化妆的柔嫩脸蛋。她穿着一条黑色的套装裤。在接受了弗朗西斯科热情的拥吻后，风姿优美地向朋友们走去。

罗莎莉 你们好，姑娘们！我又是最后一个？太好了，有些东西永远也变不了。

爱　　娃 我觉得许多东西发生变化更好。

罗莎莉 那么，说说你们各自的情况吧！

爱　　娃 我先说吧。我一定得跟你们好好说说，在我的生活中发生的所有变化，还有我是怎样找到我自己的路的。整件事的开始还是很让人伤心的。

不知从哪一天开始，我发现，理查德下班后总是很晚才到家。每当我想跟他亲热时，他总是搬出越来越多的托词来回避。我们争吵的次数越来越频繁，而他动不动就不理我。我越来越感到不幸福和不满意。有一天我在他的衬衫上发现了女人的唇印，我起先不敢相信，在他的生活中可能还会有另外一个女人。很长一段时间我装聋作哑，假装不知情，一直到帕特狠狠地训了我一顿。在我绝望时她让我去找婚姻指导和心理治疗师。我去了，因为当时我很想挽救我的婚姻。

通过几次谈话，我的自信心越来越强了，我终于开始了在建筑和艺术领域的进修。在这个进修班里有一项活动是，两人为一组完成设计，作品将在一个展览会展示。我的工作同伴名叫凯。嗯，是的，凯与理查德完全不同。每当我在设计进展不下去，求他帮忙，或让他来干的时候，他总是对我说，我自己一个人能行。我经常是那么绝望，并且很生他的气，以至于想半途而废，一走了之，但是我毕竟也想进修毕业。于是我咬牙坚持，而我的确凭自己的能力成功了。在展览会的展示中，我们甚至获得了第一名。之后公司为我提供了一个让我很感兴趣的职位。于是我与理查德的争吵开始升级。我告诉他，我又想工作了。尼科勒已经9岁了，放学后可以去我母亲那里。尼科勒也同意，她喜欢得到姥姥的宠爱。理查德气急败坏，他指责我，说我忽略他和尼科勒。我反驳说，他在外找女人，欺骗了我。他居然把这事怪到我的身上，胡说什么，这都是我造成的。就因为我忽略他，所以他才到他的女秘书那里寻找安慰。这简直是一派胡言！在我还没想去进修之前的好长时间，我整天乖乖地待在家当贤妻良母时，我就一直被骗，蒙在鼓里，那么长时间！这确实让人惊讶，有些男人不知耍了什么手腕，居然能一次又一次成功地掩盖住真相。尽管如此我们还是坐下来，把一切摆在桌面上，谈了很长时间。我们甚至还试着又相处了一年，但是他不喜欢我这个新爱娃。他要求我在婚姻和事业之间作出选择。我想两个都要，但他只准二选一。那时我豁然明白了，我必须走了。如果我答应他的条件留下来，我就必须放弃我自己，这一点我是再也不会纵容他了，当然也不会纵容我自己了。对孩子的扶养权我们也达成了协议。这以后他又结婚了，在家里又养了一个围着锅台转的媳妇，就像我过去那样，以前我脑袋还没有开窍，没有想到，如果我意识到自己的存在，我能干更多的事。我独自一人生活了很长时间，和凯一起工作，业务上也达到了最新水平。这几年来我有了一个幸福的、平等的爱情生活。结婚？我不再去想了。我们在一起生活，但每人都可以致力于各自的事业。我到现在才品尝到为了自己去爱的那种甜蜜幸福的滋味儿。

亚历克斯 太好了，衷心地祝贺你！这的确太棒了，一切都做得那么漂亮。你过去似乎对理查德唯命是从，百依百顺。

爱　娃 你说得对，我那时的确是那样的。他呢？我不相信自己能干的事，他都揽下代我去做了。我们觉悟得太晚了。在他欺骗我之后，我心里的一些情感也破碎了。归根结底我不再想过这种生活了。他对独立女性总是赞不绝口，但在家里却要一个相夫教子的贤妻。我敢肯定，他还会再骗他现在的妻子。但谢天谢地，这不是我的问题了。在共同的情感生活中只有一方行动，反省教育自己，那是不够的。在争吵中他当面辱骂我，说他不会委曲求全，他就是他，原来怎样，现在还是怎样。那时我心里想："那你就那样吧。"我离开了他。这真是一条漫长的路，但是值得去走，我今天的生活就是最好的证明。

亚历克斯 帕特，你的情况怎么样？

帕　　特 好，我来说说。不知从什么时候人们开始明白了，种瓜得瓜，种豆得豆。我在工作中有好几年总是蛮干，与我的上司激战过，弄得身心疲惫，心烦气躁，简直受不了。我打算辞职不干了，但就在这时，来了一个项目。上司请我陪他去非洲出差。我们要参加一个人权委员会组织的会议。我和他在机场碰头，一起乘飞机去内罗毕。上了飞机他就开始没完没了地给我讲，我在行为举止上应该怎么做。他给我立下规定，什么允许说，什么不允许说，一直说到我生了气。我问他，如果他之前就认为，我的冒失会冒犯与会者，那他为什么要带我跟他一起来呢，他自己一个人来参加谈判不是更好吗？你们猜，他怎么说？他说，他不认为我这个人像我说的那样，我只是有时有些好斗。一路上我们就这么说着。在内罗毕我们把箱子从传送带上取下，上了出租车去往旅店。到达旅店后，我只想洗个澡，然后就上床好好睡上一觉，因为次日一大早会议就要开始，我必须尽快消除长途航程带来的疲劳，好精神抖擞地出现在会场。而我的上司却有另外的打算。他突然精神大振，无论如何都想到城里去吃点儿东西，并让我跟他一起去。我不情愿地勉强同意了，也许是因为我当时也非常饿吧。

旅店的门卫给我们推荐了一家餐馆。在去餐馆的路上发生了一件意想不到的事：有两个骑轻便摩托车的年轻人，他们肯定从旅店看见了我们，便一路跟踪过来，开着车朝我们驶来，坐在后面的那个人一下拽住了我的手提包，想从我这里把包夺过去。但是姑娘们，你们是了解我这个人的，我手里有的东西，我是绝不会松开手放掉的。所以我就拼命护住我的手提包，死死地抓住它，直到那个劫匪放弃，松手为止，那两个人见势不妙就匆匆飞速驶离。而我由于失去重心，狠狠地向前摔去，非常糟糕的是，我的右手好像摔断了。这一切发生得太突然、太快，我的上司一下子没反应过来，直到我躺在地上在他前面发出疼痛的呻吟。他小心翼翼地对我做了一番检查，由于他有一些医学知识，所以他断定，我的右手关节骨折了。他突然像变了一个人，非常担心，立刻叫我上了一辆出租车，我们去了医院。在那里医生给我上了石膏。你们可别问，非洲的医院是怎样上石膏的！疼极了。之后，当我们上了出租车，我坐在他旁边的时候，我对整件事依旧非常震惊不已，连骂都不会了。这个突然的事故肯定也让他吓得够呛。他把手放在我的肩膀上，非常温和地说："不会有事的，很快就会好的。这是一般的骨折，六个星期后就会痊愈的，到那时你又会重新精神饱满，斗志昂扬的。你真的是一个勇敢的女人。是不是因为你包里有所有的贵重物品，所以你才那么拼命地去保护呢？""不"，我回答。而我现在才清楚，其实我所有的文件都放在旅店的保险柜里了。"包里只有您明天要做的报告。"他微笑着，似乎真的很感动。他又一次拍拍我的肩膀。

我很害怕，接下来几天该怎么过？我的右手骨折了，我还能干什么呢？但一切顺利，没遇到什么困难，因为他事事处处都帮助我，并亲切地用我的名字赫伯特来称呼我。他将我的面包切好，给我开门，对我照顾得非常周到、细致。我根本使不上劲，完全依靠他。他似乎也在尽享被依赖的感觉。但他做得特别棒，甚至不让我感觉到，我几乎在听他摆布。我们在会议上也取得了成功。会后我们还到海边休息了两天。自那以后工作氛围好多了，在某些方面我不再顶撞。我也觉察到，当我情绪不好时，总可以找到一个男人听我倾诉。我在生活中也不再那么好斗了，尤其开始用另外的眼光来看男人。现在我们在一起工作得很好，我担任领导职务，手下有五个同事。

罗莎莉 在你们私人的交往中，你爱上他了吧？

帕　特 天啊，没有，别那么夸张，一下子就想到那方面去了。亚历克斯，现在轮到你了。你这个事业上的女强人在爱情生活上有什么进展啊？

亚历克斯 与保尔的那段关系结束后，我又认识了一个人，他叫米歇尔。开始很甜美。是的，开始都很甜美。这次也无例外，我们很快认识到彼此有了爱情，难舍难分。不管怎么说我们在一起时都很快乐，他总逗得我开怀大笑。我想，这回的一切与以往大不一样。由于我们也不住在一个城里，所以一开始经常通电话，通过深入的交谈，彼此的心靠近了。虽然他有几次提到，对这个关系他不可能走得太密切，他需要许多距离。但因为我们每次见面时，都那么开心，那么如胶似漆，所以我对他说的话一点儿都没有重视。我可以跟他无话不说，而他也总是努力去理解每一个观点，并提出许多问题。无论什么时候，只要我们见面，一切都进行得有滋有味，轻松愉快。我对他的爱，超过了以往我付出的爱情。他稍稍有点儿冷淡，但他只要人在，一切都那么美妙，再说我也一点儿都不想去细细探究他到底有多爱我。他想宽松，不想受固定关系的束缚，他向我保证，他是世界上最好的保护者，如果我真的需要，他随时听候我的召唤，因此我心里很快就满足了。他在娱乐行业工作，经常出差。我们在各地相会，我越来越信任他，越来越敞开心扉，真的，全心全意地爱他。这段时间，我也经常外出，就这样，每人都有自由，只要我们在一起，我们就会享受人们可以想象的最美妙的时刻。而当我离开他的时候，我肯定又在思念他。他从来没说过，他想我，这让我很伤心，但是最美妙的感情占了上风，他展示爱情的方式至少让我表面上感到满足，并在一段时间让我感到很幸福——我的状态比以往几年都好。

直到有一天我病了。在一次体检中发现我的体内有恶性的细胞，必须立刻动手术以防止扩散。我把该办的事情都办妥了：商定手术日期，取消业务上已预约的日期。我知道，我体内那无法控制的危险东西必须马上清除。

我唯一思考的是，要不要把一切都告诉米歇尔。我心里明白，我会很期待他能来关心照顾我，但我没有把握，他是否能这么做。怀着对他所说的话“我是世界上最大的保护者”的信任，我一时冲动把什么都跟他讲了。我不想一个人去走过每一条布满荆棘的路，这种愿望是那么强烈，我不想再一个人去干所有的事，去获得为世界上最勇敢女性颁发的奥斯卡奖。我想找到一个感情的归宿，找到一个可以与我分担恐惧的男人。希望有一个男人在手术后的几天里在你身边陪伴着你，这是人之常情，再说那几天我必须静养。所以我就给他打了电话，向他倾诉我的担心，并告诉他，我次日就必须住院手术。他承诺，他会一直挂念我，在手术前再给我打电话。他的声音让人感觉他忧心忡忡，但通话时间很短。

第二天一早，我心惊胆战地进了医院，眼睛一直盯着手机，期待着他的电话。但电话没来，来的是护士，她递给我镇静丸，这类手术前病人都要服用。我被推入手术室，失望和孤独的眼泪夺眶而出。麻醉女医生以为我害怕手术，她轻轻地抚摸着我的手，安慰我说，一切都会很顺利的。但其实我的头脑里只萦绕着一个问题：“为什么同样的情节又上演了？为什么他不来，不想我，为什么他丢下我一个人，不管不顾？”在这哀怨的情绪中我接受了麻药针，并希望自己永远不要再醒过来了。

当然，我醒了。病房里非常的冷，我的下身特别疼。他们可以给我药止痛，但治不了我的心痛。

等我出院回到家里，给他打电话，我问他为什么对我置之不顾，撒手不管。他回答，他很遗憾，因为他正好有重要的工作要做。

那天夜里我辗转反侧，思绪万千，真的很难过，但是就在这个夜里我也茅塞顿开，我认识到，我在选择情侣上必须刻不容缓地做出改变。第二天，我恢复了体力，振作起精神，决心与他分道扬镳，并与所有不想真心待我的男人们说再见。无论什么时候，只要一个男人在最初约会的日子里有一次说，他对男女关系是很腼腆的，距离产生美，通过距离才能创造最甜美的亲密时，我会立刻起身离开的。我学到了，我自己是有价值的，我再也不要和一个不懂爱的男人交往。这就是我的爱情灾难给我的启迪。之后很长时间，我都过着单身生活。我又满怀热情地投入到工作中去，去国外待了几年，并且特别注意呵护和关心自己。我参加了几个有关寻找自我的研修班，与一个教练探讨我内心的问题。这使我清楚了，我想要的是什么，不想要的是什么，以及我准备付出哪些代价。我主要与对我有益的人进行私人交往。我开始尊重自己，倾听自己的心声，并且从中认识到，女人不仅在一个男人的怀抱里可以有女性的感受，而且也完全能单独在自己的心灵中去营造这种感受。就这样我慢慢地，一步一步地从我的爱情悲剧中走出来。当我又回到德国的时候，我又遇到了贝尔恩德——你们不会相信——我们彼此爱得有多深，我们结婚已经三年了，非常幸福。与他的关系平静而稳定。我们相依为命，见面时不用说许多迎合对方的好话和“你好吗”之类的寒暄。

我们在城外买了一套小房子，我们俩现在都很自立。我还一如既往地喜欢工作，我有几个很好的客户，我为他们做广告，只接受我喜欢的委托。我们有许多时间共同度过，也有每人自己的空间。

过去的那些年过得很紧张，有些经历让人痛苦，并且持续的时间很长，超过了我的愿望。但今天我终于可以说，我喜欢现在的生活，每天我都很开心，在我丈夫的身边醒来，然后在同一个厨房进餐。很奇怪，不知不觉中，我不会再提心吊胆，怕在我的生活中不会再有其他男人了。今天我真的很幸福，比过去年轻的时候还要幸福。我的故事讲完了，那么罗莎莉，现在轮到你说说，你是怎么成功地成为一个真正的演员的？

罗莎莉 我过去的那种生活持续了很长时间。我打工，接受各种各样的龙套，后来又没有角色可演了。有一天，康斯坦丁邀请我去马尔代夫群岛旅游。为了不让他的妻子发觉，我先出发，他两天以后过来。他在海滩边租了一栋梦幻般美丽的小别墅。那个岛很小，十二栋别墅整齐地排列着，相互间距非常大。棕榈树在蓝绿色的海边高高耸立，沙滩泛着白光。岛上的游客极少，只有几个法国人，很遗憾我不懂法语，无法跟他们交谈。

第二天对我来说是个灾难日，我收到康斯坦丁发来的传真，他来不了了，他的妻子摔了一跤，大腿骨折了。他祝愿我在岛上过得愉快，叫我好好休息。我当时惊慌失措，心烦意乱。在我的生活中，还从来没有单独一个人度过假——而现在只剩我一个，周围是些无法交谈的人。我在一家酒吧间坐下，先喝了一口马蒂尼鸡尾酒，直盯盯地望着不远的绿波闪闪的海水。我刚刚拿起一块点心放在嘴里，就看见从机场开来的快艇载着新的游客到了。从艇上下来一对夫妻。男的推着一个轮椅，椅子上坐着一个年轻男子，他长得很小，看上去很瘦弱。他们离我越来越近，我听到那个男人与他的妻子和轮椅上的年轻人用德语交谈。年轻人说的话我一点儿都不懂，因为他不能正确发音。这三个人走近了，我觉得有点儿反感。那个年轻人的形象让我害怕，他说话的声音很大，但不知在说什么。他的父母却非常自然地对待他。他们帮助他从轮椅上下来，一边一个扶着他走进酒吧间，直接坐到我旁边的高脚凳上。他的父亲对他说，要他好好在这儿坐着，他去办手续，取钥匙。他的母亲也急急忙忙走了，很可能去卫生间了。那个男子坐在那儿，看着我，并向我伸出了手，嘴里在叽里咕噜说着什么，好像在说“你好，马克斯”之类的。我感到十分意外，也向他伸出手。他那么使劲儿地握住我的手摆动着，我担心他会把我的手弄折，而他嘴里不停地咕哝着“太好了”之类的话，一边说，一边满面笑容地友好地看着我。这时他的母亲回来了，她同样很友好地向我打招呼，并且感谢我照顾马克斯。我们聊了一会儿。马克斯在我们聊天时还在不断地说“太好了”之类的话，他一直目不转睛地看着我。

过后他的父亲告诉我，马克斯今年21岁，由于出生时缺氧，造成现在只有12岁的身体，6岁的智力。我觉得这很可怕。但马克斯身上有特别的可爱之处，就是单纯简单。而他的父母对待他的自然和关心深深打动了我。我告诉他们，我是迫不得已才独自在这儿的。具体的细节我没说。我们在一起共进晚餐。第二天我独自在沙滩上度过，晒太阳，看书，感到非常无聊和孤独。

第三天早晨我绕岛闲逛，路过那对夫妻住的别墅时，马克斯正一个人坐在阴凉处摆弄着铲子和小模子。他向我喊了一声“你好”，并兴奋地挥舞着双臂。有一点我心里清楚，那就是他也感到无聊。我不知道我的心被什么触动了，我走过去在他身边坐下。那时我突然回忆起孩童时用沙子堆城堡的乐趣，于是我问他，想不想到下面的海边去堆城堡。从他的表情和手势可以看出，他非常想去，但他自己站不起来。我帮助他，用一只手挽着他，另一只手拿着桶和铲子，我们艰难地走着，终于来到了海边。他的父母坐在躺椅上，看着这一切。我穿上有花纹图案的游泳衣坐在沙滩边，和一个智力和身体都有残疾的大男孩堆沙堡。让我最意外的是，我居然玩得那么开心。看着马克斯对每件很小的作品都那么的兴奋不已，我的心里也美滋滋的。经过很长时间的挖掘，城堡四周的壕沟挖通了，这时，一个小小的浪头涌进了壕沟，让他欣喜若狂。他是那么激动，高兴得拍着我的手。后来他发现把我的腿埋在沙里是件非常开心的事，还不停地叫着："你出不来了！"我觉得这一切都异乎寻常，但它也唤醒了我心中温暖的感情，我一点儿都不想离开。就这样我的整个假期都是与马克斯以及他的父母度过的。我与马克斯的父亲聊了很多。他是心理学和交际学的教授，他提问题的方式很特别，有趣但也缠人。他反复地问我，我对我的生活究竟有什么期望。我心里越来越明确，我想当演员。我喜欢表演，喜欢在不同的角色中去认识自己。我们也谈到了我与康斯坦丁的关系，在他的追问和提示下，我意识到，康斯坦丁根本不是那类值得我惦念的人。使我感到更痛苦的是，我感觉我失败了。对我而言，他的妻子赢了——这让我心痛。比起想拥有他，我更在乎的是能超过他的妻子，取而代之。与他相处不是一段美好的经历——但却是一段刻骨铭心的经历。

但我主要的还是与马克斯玩，我们在一起游泳，他在水里比在陆地上感觉安全多了。是啊，每个人都需要属于自己的感觉舒坦快乐的心素。尽管他发音不好，但我越来越能理解他所表达的意思，我的耐心也逐渐增长。

最后一天，当我们一起乘快艇去飞机场时，马克斯摸着我的头发——我知道，他表达的是爱。我说的爱与男女之间的那种爱无关。这种爱不想证明什么，它只简单地出现在短短的一瞬间。

我到家后，就与康斯坦丁分手了，并且开始向所有重要的戏剧学校提出申请，最终被一所知名学校录取，我也随之搬家，因为要在那里学习三年。我突然开了窍，学习起来如鱼得水，通过马克斯，我学到了去体察和感觉。为了成为优秀的演员，体察能力是非常重要的。我当然永远也不会再与已婚男人亲密交往了。

对突破模式的分析

获得新生的爱娃——爱意绵绵的普赛克，拥有雅典娜自主决断的力量。

模式突破 1：爱娃认识到自己的问题是在于不想把她的生活掌控在自己手里，现在，她重新建立起自信心。

爱娃的丈夫欺骗了她，通过这个事实爱娃认识到，她不能相信那个曾经被她看做中流砥柱的、能给她安全生活的男人了。她找到心理治疗专家，并在她的帮助下重建她的自信心。在凯那里，她有了全新的经历。凯在她遇到困难时并没有救她！他对无助的女人必须得到救助的模式并不赞同。于是她迫不得已作出了一个决定。她硬着头皮，咬紧牙关在她生活中第一次靠自己闯过了难关，并获得了成功。也许她当时泪流满面，痛苦不已，但是她向自己证明了，她能行。这一经验给了她一个崭新的自信心。她离开了“儿童角色”，通过自己动手创造经验得到了成长，也许在这个过程中会遇到失败，但是这不可怕，因为失败是成功之母，失败使人更加成熟。

模式突破2：爱娃认识到，只有男女双方共同努力进步，他们的关系才能改善。

理查德体现的人格类型恰恰很契合像爱娃这样的类型。只有爱娃比他地位底、能力弱时，他才能按他的模式生活。家里有一个虽然聪明，但不独立的妻子，这让他感到安全。许多男人更喜爱这样的女人。当然，从男人的立场出发，这并不一定就是最愚蠢的决定。他找的这类女人虽然不是可以无话不说的知心伴侣，但却是一个能相夫教子的缪斯女神。原本双方完全可以相互帮助，相互促进，携手共同走好下面的路。要是理查德自己也成熟一些，认识到她妻子的独立对于他是笔宝贵的财富而不是威胁，那么这两个人就能持续美好的婚姻。只有双方都下定决心，鼓足勇气有所作为，关系才能得以改善。双方必须正视各自内心所隐藏的恐惧以及他们关系模式中的阴暗面，必须做好改进的准备，为建立正常的关系去奋斗。“改进”这项工作太难了，仅靠一方是无法完成的。

当爱娃觉察到，她的努力不会有任何进展时，她就离开了理查德。要是她仍旧留在他身边，而他没有任何改变，那么她又得屈从，失去她刚刚找到的天堂。有时，人们只有通过离开所谓的安全港湾，才能发现天堂。爱娃就是这样摆脱了依赖，走向了健康的自立。并且，独立使她提高了爱情的能力，她再也不用看对方的眼色行事了。要是她没有勇气大胆地迈出第一步，去接受心理治疗的话，那么在余下的生活中，她还会把自己没有信心干的事都推到她丈夫那里，全然没有认识到自己要承担的责任，她会越来越退缩到自己的小天地里。这一方面是因为她愿意；而另一方面主要是因为只有在那里，她才能感受到安全。她的自我意识和自信心越来越减退了，她也会由此变得索然无味，她丈夫就会再欺骗她，而她必须熟视无睹。

可惜总是有许多女人，她们无可奈何地忍受着她们的婚姻，并且将她们的痛苦和对男性的愤怒无意地传给她们的女儿。要是爱娃不离婚，她也会这么做的。只要爱娃的女儿长大成人，爱娃就会感觉到自己没用了，并扪心自问，是否一切就该是这个样子的。也许后来她得到了生活的第二个暗示，并着手思考和改变自己的生活，但是她已经浪费了许多年。我们越早意识到自身的存在，就越好。

获得新生的帕特——聪明的雅典娜，能很好地对待各种不同的人。

模式突破 1：帕特战胜了她的偏见，并且能发现他人的优点。

帕特迄今都是自己解决生活中出现的一切问题。她声称，不需要任何人，而且她多疑，特别不相信男人。当她经历了这场抢劫事件，她有了一点新的收获。她的上司，那个男人，她原本不相信他会做好事，并且认定他会拒绝帮助她。但事实是，这个男人不仅帮助了她，而且关怀备至，体贴入微。此外，他所做的一切丝毫也没有让她感觉到，她是下属。从中她认识到，并不是每个男人都会随时行使他手中的权力。她可以放松心情，获得信任。她过去认为男人都是敌人，而现在通过一次有益的经历得到了相反的证明，这动摇了她的模式。通过这个正面的经验，她以后可以与上司建立起完全不同的一种信任关系。而她的上司在她面前也会感到放松，因为她不再怀疑他，把他看做敌人了，因而他会对她委以重任，两个人从现在起就能和谐共事了。

模式突破 2：帕特学会接受帮助。

在她处于无助的境地时，有另外一个人在身边，向她伸出援手，那种感受多么惬意，简直难于言表。她接受帮助以及随之而来的近距离接触。有人也许会问，为什么她不追求过一种固定的情侣或者夫妻生活呢？可以这么回答，亚马孙女人和雅典娜都属这一类女性，她们不需要为了她们生活的幸福去选择一种固定的爱情关系。友谊对这些女性来说更重要，她们可以保持友谊，不用放弃她们的独立。要是帕特没有这次经历，在工作中继续与上司对着干，她的事业就不会有进展，因为她总是会惹每一个上司生气，也就不可能得到重要的职位。她只能在职业生活中扮演令她不满意的次要角色。最终她有可能放弃。而在个人情感上，她还会保持单身，因为她越来越瞧不起男人们，也包括她身不由己所处的女性身份。由于她对人类感到失望，所以她会隐退，远离尘世，也会失掉她的朋友们。

获得新生的亚历克斯——果敢的美狄亚，像喀耳刻那样无忧无虑，轻松愉快地去生活，去爱。

模式突破 1：亚历克斯摆脱她的爱情悲剧。

通过许多痛彻心扉的经历，亚历克斯在手术后认识到，她不断重复的爱情悲剧，起因是在配偶的选择上。在爱情关系中，她发觉自己的空间很少，并且感觉越来越狭小。在这个问题发生之后，她无意识地进行了反唇相讥。由于非常担心在亲密关系中必须放弃自己的独立性，所以她挑选的情侣均是些不可能与她走得太近的男人。男人世界恰恰提供了数量众多的这类男人。他们事业颇有成就，教育缺失，没有做好坚持和不断给予对方亲密和爱的心理准备，致使女人们成了牺牲品。也许这样的人会越来越多，因为当今的世界，人们越来越孤单了。

只要亚历克斯将过错全推到男人身上，她自己就不会长进，幸亏生活中还有另一类男人：只要她散发着距离之美，她就会像一块看不见的磁铁，吸引着那些孤独的狼和散漫的牧童们。这些人也挺迷人，他们风流倜傥，很有魅力，成就的光环闪闪发亮，熟练的口才让人钦佩，但是他们不懂爱，一旦遇见给点阳光就灿烂的女人，他们就不知所措。这类人没有恶意，他不想伤害别人，也不骗人。他喜欢示爱，表示会给予女人安全和热情。而真正的信息只能在后话中找到："我不会向你保证这个关系是固定的"，或者"我的自由对我来说是最重要的"。女人只听见这些话，却没有感应到这些话背后的信号，她不愿去探究，或者她自以为，在她的帮助下他会改变的。对此迪特里希·施万尼茨①在他关于男人的一本佳作中有一段精辟而中肯的描述：

> 一个女子刚一看见一个特别野蛮、没有教养的男人——我们这里指酗酒者、艺术家、神经病人，或者其他冷酷无情的自私自利者——女人会想当然，认为她一个人就能驯服他。他只有在她那里才会像哈巴狗那样变得温顺平和，她幻想在他的变化中见到自己的魔力。

这里我们不由得想起美狄亚，她的故事以向男人世界复仇结束。但复仇并不是解决问题的方法。逃脱困境只有一条路，就是正确地选择伴侣。要倾听男人说的话，要及时发现他发出的信号，抓住这一刻选择分手，才不会太伤心欲绝。但是，为了能弄清信号的含义，是否与自己的心愿协调一致，女人必须知道，她想做什么，她不想做什么，她准备付出什么代价。

模式突破2：亚历克斯从她认为只有做出成绩才能有爱情的"爱情—成绩"模式转变为相信在生活中获得爱情的"爱情—生活"模式。

亚历克斯体内的"报警信号"使她感到，生活中有些东西是她做出任何成绩

① 迪特里希·施万尼茨：德国著名学者，畅销书作家。

也无法获得的。面对人生的短暂，那些一心追逐成就的人就使她难以忍受了。但她也认识到，她自己也跟他们气味相投，没什么两样。通过认知和切身体会，面对生活她变得恭顺多了。她不再用成绩来衡量一个人，眼睛里开始有了从事不同职业的人。因而她也打开了眼界，将目光投向另外一些男士们。这些男人不想陶醉在一个成功女人的光环下，或者说，他们不认为女人的成功才是最迷人的。她认识了一些这样的男人，他们懂得女人心里的愿望、渴求、恐惧和希望。她不再像过去那样马不停蹄玩命工作了，而致力于她真正感兴趣的事。她抛弃了过去推崇的所谓“价值等同于成就”的座右铭。她认识到，爱情其实是非常简单的东西，它是自然出现的，根本不要求成绩、证明和辛苦劳累。

倘若没有这段痛苦的经历，没有对此的认真反思，也许亚历克斯还会在事业上辉煌几年，她还会继续以她爱情关系的失败作为代价，来获得事业上的成功和人们的赞许，直到某一天她彻底放弃，不再和任何人谈情说爱了。如果到了这一步，她也许会变成一个孤独的、忧愤抱怨的、对生活失望、乐观性格逐渐消失的女强人。随着乐观渐渐失去，她的创造性也会失去。健康的问题，以及身体和精神的疲惫不堪都会接踵而来。请您想想卡拉斯，或者朱迪·嘉兰[①]，这两个女明星为了获得她们的辉煌所付出的辛酸代价吧。

在此将纪伯伦[②]的一首诗作为礼物献给属于这一类型的所有女性，它让人们用另外的眼光来审视爱情这一主题。

于是爱尔美差说：先知，请给我们谈谈爱。

先知举头望着民众，他们顿时静默了。他用洪亮的声音说：

当爱向你们召唤的时候，跟随着他，

---

① 朱迪·嘉兰（1922—1969）：美国著名女影星及歌唱家。1939年因主演《绿野仙踪》获第12届美国电影艺术与科学学院的“当年最佳童星特别奥斯卡奖”。后因体重剧增，靠服药生活。与导演文森特·明尼里的婚姻短暂，后离婚。曾想自杀，1969年因服过量的安眠药过早离开人世。

② 纪伯伦（1883—1931）：黎巴嫩诗人、作家、画家。被称为“艺术天才”“黎巴嫩文坛骄子”，是阿拉伯现代小说、艺术和散文的主要奠基人。

虽然他的路程艰险而陡峻。

当他的翅翼围卷你们的时候，屈服于他，

虽然那藏在羽翮中间的剑刃也许会伤毁你们。

当他对你们说话的时候，信从他，

虽然他的声音也许会把你们的梦魂击碎，如同北风吹荒了林园。

爱虽然给你加冠，他也要将你钉在十字架上。

他虽栽培你，他也刈剪你。

他虽升到你的最高处，抚惜你在日中颤动的枝叶，

他也要降到你的根下，摇动你的根柢的一切关节，使之归土。

如同一捆稻粟，他把你束聚起来。

他舂打你，使你赤裸。

他筛分你，使你脱去皮壳。

他磨碾你直至洁白。

他揉搓你，直至柔韧；

然后他送你到他的圣火上去，使你成为上帝圣筵上的圣饼！

这些都是爱要给你们做的事情，使你知道自己心中的秘密，在这知识中你便成了生命心中的一屑。

假如你在你的疑惧中，只寻求爱的和平与逸乐，

那不如掩盖你的裸露，而躲过爱的筛打，

而走入那没有季候的世界，在那里你将欢笑，却不是尽情的笑悦；

你将哭泣，却没有流干了眼泪。

爱除自身外无施与，除自身外无接受。

爱不占有，也不被占有。

因为对爱而言，爱已足够。

当你爱的时候，你不要说，“上帝在我的心中”，却要说，“我在上帝的

心里”。

不要想你能导引爱的路程，因为若是他觉得你配，他就导引你。

爱没有别的愿望，只要成全自己。

但若是你爱，而且需求愿望，就让以下的做你的愿望罢：

溶化了你自己，像溪流般对清夜吟唱着歌曲。

要知道过度温存的痛苦。

让你对爱的了解毁伤了你自己；而且甘愿地喜乐地流血。

清晨醒起，以喜握的心来致谢这爱的又一日；

日中静息，默念爱的浓欢；

晚潮退时，感谢地回家；

然后在睡时祈祷，因为有被爱者在你的心中，

有赞美之歌在你的唇上。

——纪伯伦《先知》“论爱”

成熟了的罗莎莉——具有普赛克的爱情能力和缪斯将深度带进生活的才华。

模式突破 1：罗莎莉从肤浅转变为有深度。

罗莎莉过去的生活是在外表层面上进行的。她美丽、风趣、独具魅力，受到男人们的欣赏。她通过魅力展示自己，并且寻找着漂亮的外貌能让她顺风顺水的证明。她对生活不那么认真，比较随意。她需要什么，就能以某种方式轻而易举地获得。由于她的浅薄阻断了通向她心灵深处真正情感的通道。在结识马克斯后，她才觉察到，人的心里还有一个更深的情感层面。马克斯，这个大男孩，上帝远远不像对她那样眷顾他，但他以他的方式活得比她更加生气勃勃，也更加充实。这段经历超越了她司空见惯的现实生活，让她对生活和情感的认知有了新的突破，与马克斯的相遇让她茅塞顿开，扩大了感知的可能性。她通过走进另外一个人的心里去体察和感觉，从而打开了通向自己心灵的大门。在

这个过程中，她学会了全身心地去做她要做的一切。这种感情深度也为她日后成为一个成功的女演员奠定了基础。

有些人是在与非同一般人的交往经历中扩大他们的思想和情感境界的。这是意识扩大的一种特别的方式，例如可以在与马或者海豚的工作交往中获得。这些神秘的动物可以成功地触碰到人心中比一般意识更深的一个层面。

若没有感觉，就永远学不会。

——歌德《浮士德》

模式突破 2：罗莎莉认识到自己处于俄狄浦斯式的三角关系中。

在与心理学教授的多次谈话中，教授向她提的一个问题是："确切地说，究竟是什么让你痛心不已？"这句话点拨了罗莎莉的心弦，使她意识到她追求三角关系的模式。有时我们需要有人为我们开启心灵的明灯，让我们发现自身存在的阴暗的污点，甚至是盲点。罗莎莉在与马克斯父亲的谈话中就找到了点亮心灯的人。这位教授明确告诉她，她心理上已经有病了。这是一个重要的过程，旁人比较容易发现内在的关系，进行分析、断定和心理检查。通过给她提问题，特别通过她自己的回答，罗莎莉向自己走近了，并且渐渐地不再通过外貌去诠释自己了。

模式突破 3：罗莎莉增强了她自己的爱情能力。

罗莎莉把目光转向自己的内涵，由此罗莎莉自身的爱情能力才有了展示的机会。突然她能感觉到，什么是爱情，什么是调情，就好像换了一个开关。无论是男士，还是女士，他们的爱情能力的源泉都是母爱。有些人很幸运，因为母爱一开始就让他们充分享受到了爱，他们可以源源不断地获得这份赠与的爱。但很多人并没有那么幸运，只有通过其他的婚恋经历才能开启爱的源泉。罗莎莉就是这样的。她与母亲为争夺父亲而竞争，成人后又找已婚男人做情人，为的是能维护她的模式。现在她醒悟了，她可以过一种与过去完全不同的爱情生活。这并不意味着，她再也不去善意地打情骂俏了——但她清楚爱情与调情的区别，这已经在她步入餐厅的那一瞬间表现出来了。

倘若罗莎莉没有这个经历，那么她以往的生活还要浮萍般轻漂地持续数年。她凭着她的魅力和美貌，不断地可以找到帮助她脱离困境的男人，正因为如此，她的生活就不会改变。

通过一次甚至几次美容手术，她可以暂且延续她的美貌青春。但是终究会有一天，这种用人为雕琢出来的女性替代真实女性的生活把戏会使人感到尴尬难堪，而不是激动。她终究会降落到她从不愿意去的地方，即沦为平庸之辈。即使是最美的模特，只要她找不到心灵之路，到了 50 岁，除了昔日的美貌，她还是一无所有。

5. 重要的是要有正确的立场——定位模型

女性喜欢迎合和顺从

想在这个世界上立足，首先需要有立场，有立场才能有行动。有了新的立足点，才能谈得上改变旧观念。因此，对于女性来说，深思熟虑的定位就显得尤为重要，相比男性而言，女性很容易迎合和顺应外部环境，因而没有自己的明确立场。为什么会这样呢？很可能是由于父权制的社会造成的，在这种社会中女人们学到的经验是：随大流，做应声虫比当刺儿头更聪明。除此之外，也许还因为女人们更善于宽恕和爱吧。但是，现在是 21 世纪，这种现象必须得到改变！不惜任何代价地去顺从和迎合，在这个时代已经不再需要了。相反，我们需要正确的立场，从这个立足点出发去征服世界，而这个立场必须是个性化的。如何为自己找到正确的立场呢？我们将在接下来的一章里告诉您。

在职业和情感中没有定位的人很难达到自己的目标，甚至有时根本不被外界所接受。一个人如果不知道自己是谁，想干什么、支持什么，就很容易被其他人操控。因此我们需要一个放之四海皆准的立场，需要一条方便易行的格言、一个深入浅出的人生哲理。

女人们经常缺少心里的许可，所以不能去干她们喜欢干的事。只有内心变得强大，她们对外才能表现得越强大。

每个产品都需要一个定位

当一个销售专家想把一个新产品推向市场时，为了让产品能在目标消费群体面前闪亮登场，魅力无穷，吊足胃口，那他该做些什么呢？他必须给产品明确定位。产品定位越准，就越能吸引目标消费群体的目光，就越有名气，产品也就销售得越好。销售就是这么简单——但需要最高超的销售艺术。万宝路品牌让人想到自由和冒险；百加得朗姆酒使人情系美丽海岛上的阳光和愉悦性爱；密斯 - 牛奶巧克力使人情不自禁地想到母亲节和感恩①。如果您听到“骆驼”，您会想到什么？这就仁者见仁了。画着飞翔骆驼的招贴画，虽然这样的广告很有趣，但是它与消费者没有建立起一种情感沟通。一种产品只有在人们的情感中牢固地占有一席之地，才能卖得好，而要达到这个目标，就必须在广告中给予产品明确的定位。

人才市场也与产品营销市场大同小异。您依据什么才能在您的上司、您的客户和您的名字之间建立起情感的联系呢？凭您是一位目标明确、职业水平高的女商人，一个讨人喜欢、乐于助人的朋友，还是一个诡计多端的诱惑者呢？无论您是哪一种人，很显然，您都要按照您喜欢的、容易被大众接受的角色去亮相和“推销”自己。21 世纪是个性张扬的时代，没有比缺乏个性特色更糟糕的了。当您听到有人问，“谁与 XYZ 女士一样，金黄色的头发，灰色的套装，说话小声小气”时，您感觉是不是很失落？

想给自己一个正确的定位，就必须首先明确自己的角色，即我是谁，想成为什么样的女性。那好，让我们去探寻，分析一下您的各种心理，便于您打造属于自己的品牌：“× × 女士品牌”。

您的“女士品牌”

要定位的内容有很多，我们在此将一一列出。我们会借助不同领域的女性类型对各组对立的定位内容做出解释。不难看出，女人们常常在对立的两极之间摇摆不定——但也有可能，两极性同时出现在一个人的身上。我们把定位分为两个层级：原级和二极。原级定位一目了然，容易确定。二级是稍高层次的定位，可

① Merci-Schokolade（密斯 - 牛奶巧克力）中的 Merci 为法语词，意思为：谢谢。

以使您的形象更完美。原级定位是基础，二级定位是润色。下面先总览各种定位，请注意区分：

- 自我品牌和职业品牌

原级定位

- 圣女和荡妇
- 叛逆者和顺应者
- 现实主义者和幻想主义者
- 乐观主义者和悲观主义者

二级定位

- 忧郁者和开朗者
- 享乐主义者和注重道德者
- 理想主义者和实用主义者
- 感性者和理性者
- 感情冲动者和认知者

层次越高，在选择定位时就会越明显地感到，不总能非此即彼，对立的二者常常有可能完全协调于一身。关键在于，您要清楚，您是什么样的人，您想成为什么样的人，您想让您的“女士品牌”给人什么样的感受，以及您想给人什么样的感受。为了言简意赅，下面都用“女士品牌”来代表。现在请把您的名字标在“女士品牌”中“女士”的前面。如：“XYZ 女士品牌”。

自我和职业的“女士品牌”

原级定位涉及“自我品牌”和“职业品牌”。在做下面的练习时，您要注意，随时都要区分自我和职业这两个不同角色的“女士品牌”。有的读者也许会反对这种区分，理由是不管在什么场合，人都应该始终如一地表现出个性的真实，这是很重要的。但请您想一想，真实可信不等于总是那个老样子。您在个人和职业之间的定位越明确，您在分别扮演这两个角色时就会越真实可信。如果您在职业和您在个人生活中所表现的愿望毫无区别，完全一致，那么这其中就隐藏着巨大的失望和受到伤害的危险。职场是一个世界，而自我是另外一个不同的世界。您的上司不是您的丈夫，也不是您的父亲。您的女同事不是您的女朋友，或者您的姐妹。谁将太多的个人期望带进职场生活中去，一方面她会给人留下很不老练、很不专业的印象；另外一方面她会常常感到失望。

“职业品牌”需要“自我品牌”作为补充

“自我品牌”应该涵盖您内心深处的各种各样的感受，这里应有足够的位置表现您所有的渴望、希望和疯狂的愿望。这里只涉及您想怎样做，而“职业品牌”主要要展示的是，为了达到您的目的您应该怎样做。

圣女和荡妇

在人类的头脑中最早把女性分成两类：圣女和荡妇。荡妇在这里很少指那些为了钱而提供色情服务的妓女，而更多地是指乐于过一种多配偶，或多情夫的性生活的女子，这种人通常被周围的人称为荡妇。男人们——以及现今社会中那些自认为是圣女的女人们——总喜欢把女人分为圣女和荡妇这两类。这两类听起来是极端对立的，但她们也能那么紧密地并存一体，正如抹大拉的玛丽亚为我们展示的那样。

1968 年爆发了性革命，在德国柏林之前出现了一号公社[①]；1998 年，描写四位成功女士性欲望的美剧《欲望都市》也上演了。今天人们也许可以说，圣女和

① 一号公社：1967 年社会主义德国学生联合会成员在西柏林成立了一号公社，即男女合租公寓，一起亲密生活。

荡妇这两者的区别已经不那么重要了。真的是这样吗？有好几个情妇的男人不会被看成英雄了，拥有数个情夫的女士不再会被看做荡妇了？

今天的荡妇

“荡妇”这个词原有的概念已经过时了。现代社会的荡妇有些像电影《欲望都市》中的女主角之一萨曼莎那样。她毫不忌讳，她要与每个她喜欢的男人上床寻欢。萨曼莎是一个成功的职场女士，但是她的行为举止一点儿都没有女性的优雅，用“女汉子”来形容更为合适。当一个女人习以为常，与越来越多性格上自己不欣赏的男人们同床共眠时，她已经在一条被误解了的性解放道路上走得太远了。

与萨曼莎相反的是另一个女主角夏洛特。她在寻找伟大的爱情，直到新婚之夜她才委身于她的丈夫，然而她却惊讶地发现，她的“好丈夫”生理有缺陷。因此，女人们要好好审查一下，谁能托付终身。

在这两个极性者之间找到平衡，这是未来对女性的最大挑战。因为这个时代为我们女性提供了最美妙和最博大的机遇，无论我们想成为哪一种女人，我们都能一路绿灯，如愿以偿。可惜事实并非永远如此，因此我们有必要简单地进行一下梳理和探讨。通过用新的眼光来看待熟悉的事物，人们就能改变他的世界观，他的行为举止，也可以改变他的命运。

《圣经》中的女人

让我们返回到最早的基督教历史，来回顾一下抹大拉的玛丽亚的故事，她大概是最有名的集圣女和妓女于一身的形象了。有几个理由可以证明：教会的上层人物为了他们的利益略微改动了故事的真相，他们故意将女人们归属于次要的从属角色。丹·布朗[①]的小说《达芬奇密码》呼吁反对天主教教会，给《圣经》中的女性话题赋予新的现实意义。布朗在小说里称，圣杯指的不是别的，而是玛丽亚的躯体。玛丽亚既是耶稣之妻，又是她与耶稣的共同女儿的母亲。有些《圣经》

① 丹·布朗：美国著名畅销小说作家。

诠释者也称，耶稣的意见是，宗教不仅应该掌握在男人手里，也应该掌握在女人手里。《圣经》中的下列片段提供了这一观点的证据：

过了不多日，耶稣周游各城各乡传道，宣讲神国的福音，和他同去的有十二个门徒，还有几个妇女，都是曾经受过耶稣治病赶鬼的恩惠的。当中有抹大拉的玛丽亚，从她身上赶出了七个鬼。又有希律的管家苦撒的妻子约亚拿，以及其他妇女，她们都将自己的财物供给耶稣和门徒。

——《约翰福音》

逾越节前六日，耶稣来到伯大尼，就是他叫拉撒路从死里复活之处。有人在那里给耶稣预备筵席，马大伺候，拉撒路也在同席的人中，玛丽亚就拿着一斤极贵的真哪哒香膏抹耶稣的脚，又用自己头发去擦。屋里就充满了膏的香气。有一个门徒，就是那将要出卖耶稣的加略人犹大说："这香膏为什么不卖三十两银子周济穷人呢？"他说这话，并不是挂念穷人，乃因他是个贼，又带着钱囊，常取其中所存的。耶稣说："由她吧，她是为我安葬之日存留的。因为常有穷人和你们同在，只是你们不常有我。"

——《约翰福音》

玛丽亚却站在坟墓外面哭，边哭边低头往坟墓里看，只见两个天使，穿着白衣，在安放耶稣身体的地方坐着，一个在头，一个在脚。天使对她说："妇人，你为什么哭？"她说："因为有人把我主挪去了，我不知道放在哪里。"说了这话，就转过身来，看见耶稣站在那里，却不知道是耶稣。耶稣问她说："妇人，为什么哭？你找谁呢？"玛丽亚以为是看园的，就对他说："先生，若是你把他移了去，请告诉我，你把他放在哪里，我便去取他。"耶稣说："玛丽亚。"玛丽亚就转过来，用希伯来话对他说："拉波尼（"拉波尼"就是"夫子”的意思)。”耶稣说：“不要摸我，因我还没有升上天去见我的父，也是你们的父；见我的上帝，也是你们的上帝。”抹大拉的玛丽亚就去告诉门徒说：“我已经看见了主。”她又将主对她说的这话告诉他们。

——《约翰福音》

《圣经》的这几段描述提供了几个暗示：

- 耶稣也有女性门徒，但这些门徒在后面的书中没有再提到。
- 用真哪哒香膏抹耶稣的脚，这段充满情感的场面暗示，抹大拉的玛丽亚在耶稣的生活中肯定扮演着一个特别的角色，她有可能通过她与耶稣的近距离接触引起那些忠实的门徒对自己的嫉妒。这种特别的亲密在另一处也可找到。耶稣柔情地对她说：“玛丽亚”，并且告诫她：“不要摸我”，这也可能暗示，别紧紧地抓住我——即你放我走吧！

有些美术史的学者强调，在列奥纳多·达·芬奇[①]创作的享有盛名的油画《最后的晚餐》上，在耶稣旁边可以清晰地看出一个女性的面容，她穿着与耶稣一样的长袍，这在那个时代就意味着，这两个人已经结婚了。

尽管对《圣经》故事中有关女性的内容有着这样那样的诠释，但吸引人眼球的是，偏偏在当今这个莉莉丝的时代，这个题目又得到了如此广泛的关注。难道妇女的角色在《圣经》中自始至终都已经被歪曲了，并且被描写得比实际中要软弱多了，真的是这样吗？但为什么女人们从不替自己辩护？也许是因为她们的内心深处觉得自己是怎么想，怎么写的并不重要。她们所知道的和所感觉到的非常简单，那就是她们的能力比起名声和头上的光环更加重要。

---

① 列奥纳多·达·芬奇（1452—1519）：意大利文艺复兴三杰之一，也是欧洲文艺复兴时期的代表人物。

耶稣——第一个女权主义者？

也许耶稣的确想将教会托付给男性和女性门徒？也许他是第一个女权主义者，他认识到，男性与女性共同携手能在世界上创造出比性别斗争更多的幸福。引人入胜的是，这里对圣女和荡妇的遐想继续发展，因为抹大拉的玛丽亚使我们发现这二者汇集在一个人，一个女人身上。

如果一个男人遇见一个女人，那么他潜意识里就自动生成一个决断，将这个女人定义为圣女或荡妇。男人们总是这样无意识地、主观地做出认定，而每一个现代女性都必须清楚了解这一事实。睾丸激素也称魔鬼激素，男人受到激素的控制，令他把受过的教育、教养，甚至思维全都抛之脑后，任凭激素造成冲动反应。激素向他传授旨意，他是否想保护她，反对她，或者与她性交。这也许不符合男人世界的自我形象——但这是事实，受此影响所作出的判断不是理性的，而是冲动的，为了重新维护自己的形象，事后再理性地加以解释。对于女性来说，接受这个事实，充分利用这一点施展个人魅力，要比设法战胜这一自然本性更加聪明。

有丰富内心世界的女性形象——戴安娜

戴安娜王妃真正的成功是什么？她靠什么成为众心拥戴的王妃？也许是她无辜的眼神深深打动了每一个人。她能以一种无与伦比的方式方法由下向上转动着眼球，这使每一个健康男人的荷尔蒙直线上升，对她五体投地的崇拜者只有一个愿望：保护这个女人！即使是女性，也有强烈的、想保护王妃的愿望，使她免受世界、可恶的查尔斯，或者情敌卡米拉的伤害。

您是希望人们保护您，诱惑您，还是反对您呢？

定位圣女还是荡妇对打造您的“自我品牌”的意义

圣女和荡妇的时代

21 世纪的女性可以随心所欲，喜欢的就是允许的。她可以忠于一个男人，或者几个男人，唯一能作出抉择的是她自己。其中只有一点很重要：她必须真正知道，她想的是什么。在生命的历程中有一阶段圣女会占据她生活的空间，也会在某些时段享受自由和多伴侣的生活带来的快乐。如果您遵循“宽容待人，不干预他人”的格言，就会找到您现在的情感位置。只有了解了这一点，您才能为您的生活作出正确的决定。如果您的一个朋友，在您处在愿意放荡不羁，想充分享受“情妇”的生活阶段时出于好意对您说，您应该离开三个爱侣中的两个时，您最好离开这个满嘴道德的朋友。请相信一点：如果您确实遇到您理想中的“正确”伴侣，您就忠于他，但不必为此就转变成为圣女。只要您的抉择是远离世俗道德，完全出自于内心情感和深深的信念而作出的，那么这个抉择就是好的。

请您相信：女士们遇见的一直都是那些恰恰对她们事业发展有着重大意义的男士们。她们是否认识到这个问题的重要性，并从中有所学习领悟，这又完全取决于每一个人对发展是否有愿望和乐趣。您的“完美先生”是否会出现在您的生活中，这取决于您自己。

练习

请为您“自我品牌”定位：圣女或者荡妇

1. 您个人现在处在什么位置上？

请您注明，您在目前的生活阶段所处的位置。

圣女 **伪圣女** **荡妇**

贞洁—有道德的—难接近—拘谨—羞愧—秘密性行为—公开性行为—主动性行为—性冲动—多性伴侣

2. 在回答上述问题时，您的感觉是清楚，还是含糊？

3. 自我图像和他者图像

请您回答下面的问题：

a）您有哪些顾虑影响您的准确定位？

b）您的思想有无受到限制？

c）如果 b）的回答是：有，那么是谁在阻挠您呢？（您自己、您的母亲、您的父亲、兄弟姐妹、祖父母、前夫、前情侣、朋友等）

d）这些人的观点今天对您还有多少帮助？

e）为了自己，要改变他人的这些观点，您对此怎么想？

f）如果您能从这些束缚限制中解脱出来，您在哪个位置上会感到愉悦，请定位！

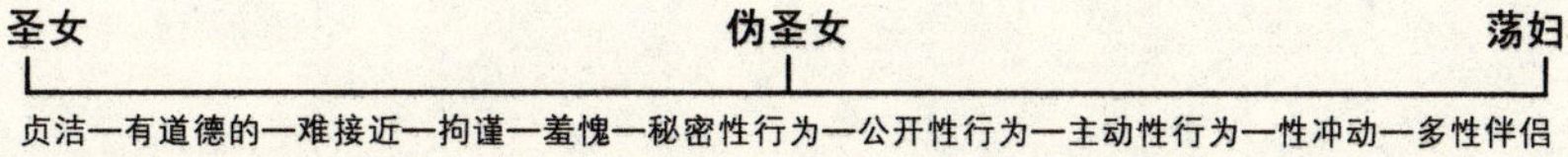

定位圣女还是荡妇对打造您的“职场品牌”的意义

女性身上要有女人味儿

让同事、上司、客户和其他商业伙伴不仅在您从事的职务上，而且在其他场合都能感受到女性身上散发出来的女人味儿，这一点可以作为女士们谋略的出发点。女性如何把握住时机获得事业的成功，这一话题再度被摆在桌面上进行探讨。人们对于温柔性感的女性和那些神圣不可侵犯的女性的谈论是完全不同的。性爱这个话题在我们的社会里是很重要的，也是无所不在的。即使没说出口，它也一直都微妙地存在着。不论在面谈中、销售中，或者是在讲台上，您都是作为女性出现的，因此都可以表现出温柔和性感。

至于您在目标群体中具体怎样施展魅力，这全由您操控。您想当喀耳刻，或是亚马孙女人？什么更适合您，什么对您更有益？如果您是在宗教机构工作，那您应该摆出圣女的样子；如果您想在一个强大的，男性占主导地位的世界里立足，那您就别太圣洁了。圣洁的女人让男人感到胆怯，使他们问心有愧。男人们喜欢玩他们的游戏，喜欢讲笑话，圣洁的女人在他们眼中就像见到令人扫兴的人。如果您想进入男人的圈子，您就必须注意这一点。但要注意把握尺度，勾引和诱惑虽然常常见效，但是扮演“轻浮、轻佻”对您来说也并非易事，因为男人们绝对不尊重这类女人。

荡妇和女强人之间

女性要有女人味儿，于是涉及在荡妇和女强人之间寻求建立一个平衡关系，以便在任何情况下都能取胜。您需要一个既能突出您的业务能力，又能展示您的诱惑力的形象。有一点您千万不能做，即让他们感到害怕和危险。因为男人毕竟占大多数，他们不太喜欢您公开与他们产生争议。您自始至终都不要忘记，男人们会受激素影响，引发冲动的行为。享有声望的哲学家肯恩·威尔伯[①]在他的著作《万物简史》中提到：

> 随着男性的家庭化，我们可以看到所有的后来文明的唯一的、艰巨的、持久和梦魇般的任务开始了，那就是对睾丸素的驯服。或去性交，或去杀戮……人们要么属于做爱之列，要么属于杀戮之列。

虽然肯·威尔伯在这里描写的是人类发展早期阶段的情况，但是不能排除的是，今天当一个男人遇见他所宠爱的姑娘时，他也常常会从他的荷尔蒙系统得到这样的指令：“或去性交，或去杀戮。”因此请您相信荷尔蒙的神奇力量，并充分利用这个魔力。如果您成功地使它帮助了您，那么对于您来说，这比他与您斗争更加安全和惬意。如果他很尊重您，那么比起他的头脑中只有您的性感画面，您所获得的成功更大。

---

① 肯·威尔伯：美国著名的心理学家，超个人心理学的最重要的作家。

练习

请为您的“职场品牌”定位：圣女或者荡妇

1. 您现在处于什么位置？

请用第一个记号标示，其他人是怎样看您的。再用第二个记号标示，您想被他人怎样看。

圣女 伪圣女 荡妇

贞洁—有道德的—难接近—拘谨—羞愧—秘密性行为—公开性行为—主动性行为—性冲动—多性伴侣

2. 在您的企业里，哪些行为准则是有效的？

a）您的工作环境可以评估为保守型还是开放型？

保守型 开放型

b）在您的企业里成功的女性给人什么样的印象？

圣女 荡妇

3. 您想给人什么感受？

a）如果您不在现场，要人们怎么说您？

圣女 荡妇

b）希望您的同事和客户对作为女性的您有什么联想？

圣女 荡妇

c）您如何评价您的着装？

圣女 荡妇

d）您如何评价您的肢体语言（行走、姿势、表情等）？

圣女 荡妇

e）您如何评价面对同事时您的行为举止？

圣女 ——————————————————————— 荡妇

f）您如何评价面对上司时您的行为举止？

圣女 ——————————————————————— 荡妇

g）您如何评价面对客户时您的行为举止？

圣女 ——————————————————————— 荡妇

4. 在练习 1 中，两个标记是否有区别？

有　○　　　　没有　○

5. 如果练习 4 中回答“有”，那么您的形象将来该朝哪个方向发展？

____

____

____

____

（如何让您个人职业的形象具有魅力，此问题的解答请您阅读第 6 章。）

叛逆者和顺应者

令人喜爱的叛逆者——“长袜子皮皮”

女性倾向反抗还是顺应常常受到她与父亲的关系，或者她的母亲面对她的父亲时所表现的举止行为的影响。例如，有些做女儿的，她们无所不干，唯一的目的，就是要让父母知道自己的厉害，并且把这作为自己的生活目标。这些叛逆的女子喜欢挑衅，并且反对和攻击所有权威性的东西。一个令人喜欢的叛逆者的典范是阿斯特丽德·林格伦[①]笔下的长袜子皮皮。这个小姑娘比每个成人

① 阿斯特丽德·林格伦（1907—2002）：瑞典儿童作品作家，共有 30 多部作品获得过各种荣誉和奖励。1971 年获瑞典文学院金质大奖章。皮皮露达是她的代表作《长袜子皮皮》中的主人公。

都壮，独自和她的马和猴子生活在一栋小房子里。她所做的一切几乎都违背成年人的意志，只要喜欢就干。她不知什么叫害怕，她喜欢独自行动，毫不在意其他人对她的看法。阿斯特丽德·林格伦借用皮皮露达创造了一个逆反女性的形象，许多姑娘从中可以重新认识自我。因此皮皮深受大家喜爱，因为她不在乎要冒什么风险，在惊险刺激中她从来不乏幽默。

与她完全不同的是乖巧的安妮卡。她总想博得所有人的喜爱，事事处处听话服从，百依百顺。就连稍稍晚一点去吃饭，心中也会感到内疚。

叛逆者必须反对一切规定的东西，而顺应者却竭力遵从每一个规定，认为只有这样才能生存。

温柔的叛逆者——希尔德加德[①]

但是顺应和叛逆同时也能在一个人身上并存。不容置疑，希尔德加德是一个圣女。但她是一个叛逆者，还是一个顺应者呢？我认为，她特别机敏，懂得随机应变。在她要促成改变时，她就抗争，而当她不想失去别人的帮助时，她就顺应随和。她有很强的等级观念。按照她的观点，世界分为上和下，这是上帝的意志，人们必须服从。她出身在一个贵族家庭，一定学了很多要服从、听从和顺从的训导。另一方面，她为了便于自身的追求，起来反对教会制定的一些法规，使徒保罗对此有如下反应：“……我不允许一个女人去施教，布道。”而她却成功了，她不仅去布道，还写了书、隐修规则、诗歌和赞美诗。1150 年，她有了自己的修道院，之后又建立了一个修道院。当然她一直对教会上层人士的嫉妒和权力欲望很生气。有一次，他们甚至企图禁止她和她的修女们唱歌，因为他们觉得修女们穿着太漂亮、歌声太柔和了。她与他们争论，并且获得了胜利。她以外表的温顺和钢铁般的意志取得了最终的胜利。为了贯彻她的基本观点，她会提出异议，但为了保全教会的当权者，她也能得体地表现出顺从。因此在这场政治争斗中她一枝独秀，战果辉煌。

---

① 希尔德加德（1098—1179）：中世纪德国的神学家、作曲家及作家。担任女修道院长，修道院领袖，被誉为“女先知”。

定位叛逆者还是顺应者对打造您的“自我品牌”的意义

辛西亚——完美的献身者

在情感生活中一个感人的顺应者典范是根据海明威小说《乞力马扎罗的雪》所拍电影中的辛西亚。爱娃·加德纳饰演的辛西亚忘我地爱着哈里·施特雷特（格利高里·派克饰演）。哈里是个孜孜不倦的作家，他不停地在寻找自我，心中只想一件事：四处去奔波，扩大见闻——带着辛西亚，或者独自前行。辛西亚，这个爱意绵绵的完美女性化身，只渴望有一个孩子和一个安定的家庭生活。她没有告诉哈里她已经怀孕，因为之前哈里向她透露，他要到西班牙的一家报社工作，并说，他多么喜欢去那儿，并希望她一个人去巴黎待一段时间，要她别为此生气……他们开始争吵，辛西亚还是没有告诉他怀孕的事，他夺门而出，她紧紧追赶着他，不小心从楼梯上摔下。她的表情清楚地表明她内心是多么的痛苦和悲伤，因为她知道，她心爱的丈夫和腹中的孩子很难两全。她不想成为他事业上的绊脚石，妨碍他实现美好的计划。当哈里来到医院，从医生那里得知她妻子流产时，辛西亚苦楚地向他投去一笑。面对他设定的“漂泊”生活，她屈服了，她轻声地对他说：“现在我们可以一起去西班牙了。”

您的情感生活中有多少辛西亚的成分？

朱迪思——残酷的女人

辛西亚在爱情中全心全意献身于一个男人，而传说中的朱迪思与她恰恰相反。根据《圣经》故事，朱迪思是一个来自犹太山城伯夙利亚的年轻女子。她的家乡在巴比伦国王尼布甲尼撒的统治时，被亚述大军围困。大军的主帅何乐弗尼是个残害百姓的恶魔。朱迪思利用自己的魅力和美色成功地诱惑了他。他邀请她进入他的帐篷。这正中她的下怀，她装作想与他寻欢作乐的样子，寻机杀死他。她勾引他，房事完了后立刻拿起主帅的剑把他的头颅砍下，然后悄悄地溜出帐篷，消失在夜色中。这一传说震撼了艺术界与心理学界。艺人们作画描绘了当时的场面：一个几乎裸体的美女手中拿着一把剑，脚下是寻欢者的头颅。透过画面，我们似乎看见了那些在朱迪思的怒火之中找回了自我的女人们。这里（伪装的）顺应和反抗是怎样紧密共存的呢？色情和仇恨离得又有多近？朱迪思之所以要杀死何乐弗尼，大概不仅因为他是杀害她全家以及她家乡成千上万百姓的罪魁祸首，而且也因为她在与她同床共枕时，尽管他是屠杀她很多朋友的刽子手，但她对他也产生了一点爱的感觉，不是吗？性爱和暴力，这水火不相容的对立物居然如此紧密地集合于一体，这在任何时候都是吸引人眼球的话题。诚然，就狭义而言，朱迪思的举动并非属个人行为，她之前受托（是她给自己的委托）去完成这一任务。这样的女性，她的内心必须多么强大啊！人们几乎无法想象，就是这样的一个女子在家中却是个牺牲自己献身丈夫的贤妻。

练习

请为您个人“自我品牌”定位：叛逆者还是顺应者

1. 现在在您个人生活的环境中您在什么位置上？

叛逆者 —————————————————— **顺应者**

手握长剑，准备战斗　　　　听话，矜持，服从我的朋友/我的丈夫

2. 请回答下面的问题：

a）您愿意当朱迪思、辛西亚、或者希尔德加德？

b）上述您选择的女性身上是什么吸引了您？

c）您怎样看您母亲对您父亲的举止行为？

d）您的父亲有关生活、男人、职业、顺应和叛逆都对您说过什么？

e）您的母亲有关生活、男人、职业、顺应和叛逆都对您说过什么？

____

____

3. 您对您在叛逆和顺应之间的定位满意吗？

是的 ○ 不 ○

4. 第 3 题您的回答如果是“不”，那么：

a）您希望将来怎样表现？

____

b）希腊神话转盘图谱中，哪个人物可以做您未来的榜样？

____

定位叛逆者还是顺应者对您的“职场品牌”的意义

找到恰当的处事方式

在职场上，顺应能力与对抗能力同等重要。首先，您要找到什么是您最初的个人定位。随后就需要探讨，如果按您平时生活中习惯的处事方式去干，所取得的结果离您的目标还有多远。很多叛逆者有奇思妙想，他们不受规则的束缚，有非凡超俗的创意，然而却经常败在他们缺少圆滑的交际手段上。男人们不喜欢受人管，咄咄逼人的女人只能引起他们的反感。随和的女人同样很少能成功地进入领导层，因为她们更喜欢当下属，而不喜欢去领导他人。因此，关键在于，找到恰当的处事方式。如果您先表示顺服，这样您就赢得一些宽松的时间，然后再来慢慢讲清楚，您有什么打算，并坚决要求周围的人接受您的方案。但也许您是个至今都枉费唇舌的抗辩者，那么您应该反问自己，您不让步，又要别人接受您的方案，在这种情况下您难道不能换个方式，试着采取更灵活圆滑的策略吗？

学习权谋

帕特在故事的第一部分中表现的是一个叛逆者。她选择的职业也与她的性格相符。她全身心地为被压迫者服务，献身于环保事业。只是她与她的顶头上司合不来。如果她懂得一点儿处事策略，平和地让上司关注自己身上的优点，而不要让他感到，她根本就看不起他，这样她在职场上就会比较容易获得成功。不会处事，恰恰是女强势者的痛处。女性叛逆者鄙视世界，同时又感到很自负，因此她们喜欢攻击周围的人。

但是，在公司里要狠不会有什么好结果。重要的是，要灵活巧妙地运用顺和舒缓的技巧，逐步有计划地实现自己的意图。要从心理上赢得上司、同事或者客户的认可，使他们心悦诚服地，而不是被迫地接受自己的观点。强迫就会产生反抗，再说我们女性在体力上也不如男性，那么为什么我们非要拿我们的弱项去硬碰他们的强项呢？我们在此必须对所有的强势的女人们说：您的观点越有价值，您就越要有圆滑的手腕。

相反，一贯逆来顺受的女性应该学会如何明确地表达自己的立场，客观地进行分析，特别应该敢于反抗，即便是面对“上面的人”也能不卑不亢，毫无畏惧。

练习

请为您的“职场品牌”定位：叛逆者还是顺应者

1. 在您的工作日中您的举止行为是怎样的？

叛逆者

- ○我做我想做的事，付出多少代价都无所谓。
- ○其他人有什么意见，我无所谓。
- ○我自己是最重要的。
- ○我说得（或做得）对。

顺应者

- ○我做我上司要求我干的事。
- ○其他人的意见对我很重要。
- ○其他人对我来说是最重要的。
- ○我的上司说得（或做得）对。

2. 您现在的位置在哪里，您喜欢在什么位置上？

请做一个记号表示您目前的位置，再做第二个记号表示您喜欢的位置，看看您将来怎么做才能获得更大的成功？

叛逆者 ├──────────┼──────────┤ **顺应者**

手握长剑，准备战斗　　　　　　　　听话，矜持，服从我的朋友/我的丈夫

3. 上一题中两个记号有区别吗?

有 ○ 没有 ○

4. 第 3 题如果回答“有”，就请您回答:

a）我会朝“叛逆者”的方向发展。 ○

b）我会朝“顺应者”的方向发展。 ○

5. 将来我会重视以下几点:

服装:____

人际关系:____________________________________

交际:____

心态:____

在上司面前的行为举止:________________________

（如何更好地打造您个人的职业形象，请阅读第 6 章）

现实主义者和浪漫主义者

您是戴着有色眼镜看世界，还是以客观的眼光面对世界？浪漫主义者一直在追寻着蓝花[①]，或者恰恰是可望而不可及的东西。她生活在她的梦中，悲观厌世，痛苦不堪。幻想浪漫的极端就是对现实世界的失望。现实地面对生活也许非常艰难，但却能保护人们避免盲目和失望。然而，如果人们的眼里只看到现实存在的事物，从不尝试偶尔戴上使人神采奕奕的彩色眼镜，那么人们又怎能享受到多彩世界的美妙呢?

奥黛丽·赫本[②]——银幕上的浪漫主义者

这里要讲的是一个真正的女性现实主义者，而她可能表现得非常的浪漫，以

① 蓝花是浪漫主义诗歌中渴望的象征。

② 奥黛丽·赫本（1929—1993）：著名影星，奥斯卡影后，世人称她为“人间天使”。1954 年因演《罗马假日》中的安妮公主，获奥斯卡最佳女主角奖。1999 年被美国电影学会选为百年来最伟大的女演员第三名。晚年担任联合国儿童基金会亲善大使。

至于每个见到她的人又重新开始相信“仙女下凡”了，这个女性就是奥黛丽·赫本。她身高 1.77 米，孩子般扁平的胸脯，一双大脚。她用两只小鹿一样的大眼睛看着每一个人，似乎总是在问，他们是否爱她。她使男人们的性激素急剧上升，一个个都恨不得把她捧在手心里，保护她免受危险世界给她带来的任何伤害。赫本注视着世界，好像她是第一次看到它。她扮演的许多浪漫的角色，如影片《窈窕淑女》中的伊莉莎·杜利特尔使她名扬天下。而现实中的她完全与纯真不沾边儿。她的电影制片人是这样谈论当时前来试镜的她：“我宁肯与德古拉[①]谈判，他起码不会不停地向你闪动着美丽的，长长的眼睫毛。”

奥黛丽·赫本扮演的是浪漫主义者。反而言之，现实主义与浪漫主义也能并存于一体。

有些冷漠的现实主义女性，她们在职场中从来不会被蒙骗，她们毫不留情地发表看法，冷若冰霜地进行审核，并且无情地付诸实施，但是她们在个人生活中却非常浪漫。这里又出现了显性和次显性的现象。一个人在生活范围里给自己的定位越极端，他对另一极端的渴望就越大。

定位现实主义者还是浪漫主义者对打造您的“自我品牌”的意义

您在生活中允许自己有多少浪漫成分？面对无法实现的虚幻事物您能承受多久，现在的情况如何？您还生活在梦中，或是已经脚踏实地生活了？

艾美丽——典型的浪漫主义者

电影人物艾美丽[②]是浪漫主义者的完美化身。她用最可爱和最富有幻想的方式方法给自己和朋友们创造了一个美妙的世外桃源。她劫持了父亲最喜爱的花园小陶俑，将它交给她结交的乘务员去周游世界。埃菲尔铁塔、金字塔、自由女神像……在世界各个地方乘务员都给它留影纪念，并把照片寄给艾美丽的父亲。他

---

① 德古拉伯：根据传说中的故事塑造的“嗜血之王”，即“吸血鬼”的形象。

② 艾美丽是影片《天使艾美丽》中女主角的名字。这是一部法国浪漫喜剧电影，荣获欧洲最佳影片等奖项。获第 74 届奥斯卡金像奖 5 项提名。

惊得目瞪口呆，接着连连发出赞叹，并渐渐从日常的嗜睡症中走出来，最终踏上了他梦寐以求的世界之旅。浪漫主义者也能创造现实啊！

这里对个人生活中的现实主义者不做详细描述，因为今天这种人无处不在。而我们的时代给浪漫派留的空间很少，另外在女性中占主导地位的是那些注重实际的女人们：精打细算的家庭妇女、野心勃勃的女政客、精明圆滑的女商人等。要她们转变方向并非易事，她们个人也不可能突然就沉湎于美梦之中。

或者，有可能？您是以什么眼光看世界的？您是否还保留着一份惊叹？您是否为您看到太阳落山，风中的一片树叶和听到小鸟的歌声而高兴？

练习

为您“自我品牌”定位：现实主义者还是浪漫主义者

1. 哪些电影是您的最爱？

现实主义者

○ 拯救大兵瑞恩

○ 布鲁克林黑街

○ 魔鬼女大兵

○ 罗拉快跑

○ 黑客帝国

○ 死囚漫步

浪漫主义者

○ 走出非洲

○ 风月佳俏人

○ 天使艾美丽

○ 西雅图夜未眠

○ 天使之城

○ 瓶中信

2. 您现在的位置在哪里？

请在此做记号，表明您在生活中对自己是怎样评估的。

现实主义者 —— **浪漫主义者**

客观地，不走样地看世界 —— 发现想象中的世界

3. 您感觉到的自己是什么样的？

请回答下面的问题：

a）您是否有时会违心骗自己，花言巧语，说好话讨好周围的人？

______

b）您的朋友们在务实方面是如何评价您的？

c）您愿意梦想，还是更愿意实干？

d）您更喜欢读小说，还是读真实情况的报道？

e）您是否有时希望，生活变得更加多彩、富有情趣和更美好？

定位现实主义者还是浪漫主义者对您的“职场品牌”的意义

一个浪漫主义者和一个现实主义者对她们各自的职场成功有什么影响？您应该先考虑清楚，您给自己定位在什么位置。浪漫主义的形象适合演员、歌唱家、作家，或者其他艺术家，并助推她们的事业向前进，而在科技领域现实主义者更受欢迎。太浪漫的女人不认可现实主义者，虽然她们在男人们的眼中魅力无穷，但是却并不一定会被委以重要的领导职务。

玛格丽特·撒切尔就像书中所描写的那样，是一个现实主义者。她用铁腕将英国领进现代社会，并为全球化创造了成熟的条件，但同时也葬送了她的同胞们对社会所有的浪漫主义梦想。

玛丽莲·梦露——完完全全的浪漫主义者

玛丽莲·梦露[①]虽然在演艺事业上如日中天，但最终却是个失败的浪漫主

① 玛丽莲·梦露（1926—1962）：美国最著名的电影女演员之一。1999年被美国电影学会选为百年来最伟大的女演员第六名。

义者。她以她对待生活的方式，对持久与亲密的无限渴望赢得了独特的、超凡脱俗的灿烂光辉。她浪漫地闯荡世界，由于缺少现实的眼光，她没完没了地感到失望。许多的大明星也是这样，她们个人生活的不幸却促成她们事业上的辉煌。玛丽莲·梦露以一种独特的方式不通世故：有一次，她旅行结束回到家，园丁剪了几枝花献给她。她对此非常惊讶，于是她拿起花又插进泥土里，因为她真的相信，花儿还会继续生长。由于人心是向善，向美的，所以人们从她身上看到了一个纯真的女性，她要让每朵花儿死而复生，仅仅依靠她的信念。男女老少之所以那么爱她，是因为她的身上散发出的自然美，以及她奇妙的展现能力——一个成熟性感的女人所展示出的却是小姑娘的纯真视野。

练习

请为您的“职场品牌”定位：现实主义者还是浪漫主义者

1. 哪些说法更切合您的职业情况？

现实主义者

- ○我对我的职业的看法很客观，没有走样。
- ○有些现实情况不随我意，但我还是全都接受，不打折扣。

浪漫主义者

- ○有时我会梦见现实。
- ○只要我相信一切是美好艳丽的，那么一切就会顺利。

2. 您现在在事业上处在哪个位置？

请您做记号，表明您对自己在职场生活中的评估。

现实主义者 —— **浪漫主义者**

客观地，不走样地看世界 —— 发现想象中的世界

3. 在您所处的环境中您更看重什么？

现实主义者 —— **浪漫主义者**

客观地，不走样地看世界 —— 发现想象中的世界

4. 上面两个定位一致吗？

是的　○　　　　不　○

5. 如果第 4 题的回答是“不”，您将来还会改变做法吗？

____

____

____

乐观主义者和悲观主义者

彻头彻尾的乐观主义者和悲观主义者，人们一眼就能辨认出来。但是，乐观悲观，一半对一半，那么分辨认定就不容易了，对吧？

乐观和悲观贯穿人的一生，在生活范围内很难予以区分。因此，针对个人和职场生活，我们援引下面的自我评价题。您可以测试一下，灰暗的悲观主义，甚至玩世不恭是否已经靠近您的生活。如果是这样，那么刻不容缓，快借用以下几个神奇的问答题重新打开心灵之门：

驱赶悲观主义

- 现在的境况中的利好方面是什么？
- 还有什么可以学的？
- 我怎样尽力而为，变不利为有利？

世界属于乐观的女士们。

乐观主义者不一定开朗

不要将乐观主义者和悲观主义者与忧郁者和开朗者混淆。我们接下去就要阐明两组间的区别。乐观主义或者悲观主义是指我们对待生活的心态。它是指思想的力量和心中的信念。因此要求人们任何时候都要理直气壮，如果某人相信，自己能成功，那么他大概就能如愿以偿。相反，如果某人认为，自己没有机会，到头来极有可能被自己说中。很显然，心态在着手干一项工作，或者解决一个问题时有多么重要。忧郁和开朗与悲观和乐观不同，它指的是内心的基本情绪。因此也有忧郁型的乐观主义者和开朗型的悲观主义者。

您如果能发现自己身上有乐观的闪光点，您对自己的认识就更清楚了，对于您周围的人来说，您就更具有独特的魅力了。因此，请非常诚实地回答，您对自己是如何评价的，您周围的人是如何评价您的？

练习

请为您的“自我品牌”和“职场品牌”定位：乐观者还是悲观者

1. 哪些说法更符合您？

乐观主义者

○ 生活是美好的。

○ 我热爱我的职业。

○ 我开始做的大部分事情都成功了。

○ 我为我的生活负责。

悲观主义者

○ 生活很可怕。

○ 我恨我的职业。

○ 我这里什么事都搞砸了。

○ 其他人负有责任。

2. 您对世界的看法现在停留在什么位置上？

乐观主义者 ———————— 悲观主义者

乐观 — 喜悦 — 满怀信心 — 满怀希望 — 不相信 — 怀疑 — 悲观

3. 请您回想一下您的童年时代和青少年时代，您在各个阶段是怎样表现乐观的？

在早期儿童时代（幼儿园）：

____

在求学时代：

____

在大学学习年代 / 职业培训时期：

____

今天在您的职业生活中：

____

4. 在您的经历中，哪些有变化，哪些没有变化？

____

____

____

____

5. 将来要怎么变化？为了实现您的理想，您会做些什么？

____

____

____

____

忧郁者和开朗者

接下去要提到的二级定位，我们不会用太多的笔墨去描绘。但是您在此也必须清楚地分清这是为您的“自我品牌”和“职场品牌”定位。

忧郁者——情绪消沉，心情沉重

玛利亚·卡拉斯也许可以堪称忧郁者的完美化身。没有人能像她那样将痛苦和悲伤带进声学艺术中。无论是谁，只要听到她的咏叹调，都深深地被她那富有磁性的嗓音送来的阵阵阴雨般凄凉的人间悲情所打动。如果她没有经历过痛苦，她就不能唱得如此悲戚。但是，如果她无法唱得如此悲切，那么她也许没有经历过痛苦。这就形成环环相套的循环——并构成了一个人的性格。忧郁者深受心灵深处感觉的影响，她紧随内心的痛苦不放，而不想办法摆脱和回避它，并从中寻找到自己发展的道路：无论是在艺术上，还是在人格上，只有极少数著名的女性艺术家是开朗的人。

开朗者——不复杂，但肤浅

相反，开朗者走的是一条捷径。她们不去探究内心深处的感受，因此她们比较容易决定她们的命运。她有其他的体验，给人的感觉是比较大大咧咧，快乐，也有些许肤浅。我们拿《风月俏佳人》中的茱莉亚·罗伯茨[①]为例。她无忧无虑轻松度日，很少去打探事情发生的原由和背景。她享受着现有的一切，而什么都没有，她也能接受。这个开朗的女性受到许多人的喜爱，因为她不用让我们绞尽脑汁地去揣摩她。再说，有谁愿意总被人问起他对自己的生活有什么更深的理解，并被人不断提醒，他也许对自己和自己的伟大人生考虑太少了。

练习

请为您个人“自我品牌”定位：忧郁者还是开朗者

忧郁者　　　　　　　　　　　　　　　　　　　　　开朗者

寻找内心深处的感受 — 表示怀疑 — 喜欢较简单的生活 — 遵照原样看待和接受事物

请为您的“职场品牌”定位：忧郁者还是开朗者

忧郁者　　　　　　　　　　　　　　　　　　　　　开朗者

寻找内心深处的感受 — 表示怀疑 — 喜欢较简单的生活 — 遵照原样看待和接受事物

享乐主义者和注重道德者

让我们回到50年代的好莱坞。我们不知道多丽丝·戴[②]和玛琳·黛德丽[③]真实生活中是怎样的，但我们在多丽丝·黛扮演的电影角色中找到了不折不扣的正人君子形象，在玛莲娜·迪特里希扮演的角色中找到的是难以超越的享乐主义者。

---

① 茱莉亚·罗伯茨：美国著名女影星，成名作《风月俏佳人》。曾获第73届奥斯卡影后。

② 多丽丝·戴（1924—2012）：美国歌手、电影演员。她主演的《枕边细语》曾获奥斯卡最佳女演员提名。

③ 玛琳·黛德丽（1901—1992）：德裔美国著名影星。

多丽丝·戴——注重道德者

影片中的多丽丝·戴被看做全民族的正人君子。她从来不说污言秽语，从来没有不正经的手势，在生活中把道德奉为至高无上的宝贵财富，而且在政治上也无可挑剔。在她演的每一部影片中，她指点男人们走上正轨，在《枕边细语》中，作为女主人公的她最终嫁给洛克·哈森[①]当上了百依百顺的贤惠妻子。在女性世界这么多卓越的楷模中，洛克·哈森更愿意为自己挑选一位适合男人口味的女子为妻。

玛莲娜·迪特里希——享乐主义者

与多丽丝·戴截然相反的是玛莲娜·迪特里希，她是一个以自我为中心的享乐主义者。她的品牌特征就是：极其精简，没有一点儿多余动作。她用简单得不能再简单的手势说明，她已掌控了全局。她风流轻佻，但从来不会爱上不值得爱的人。莎朗·斯通[②]47岁在电影《本能2》中饰演性感的精神变态者凯瑟琳，一个近50的年老色衰的老妇却要表演性感裸露的年轻人，这不能不让人惊叹，但是更让人大开眼界的是玛莲娜·迪特里希在拍摄《控方证人》时居然已经56岁了！无论在哪个时代，她身上的巨大的中性气质都散发出性感魅惑，她的目光富有挑逗性，她从不请求什么，只索取自己想要的东西。她没有很多语言和行动，只有自信。只要她进入拍摄场景，那么整个的场面就属于她了。

今天广告界在宣传策划时，将享乐主义者的目标购买群体严格地与讲道德的目标购买群体区分开。君子型的人只消费他们需要的东西，并重视价位，而享乐主义者的消费是为了消遣和让其他人羡慕。为享乐主义者设计的广告语如：

追赶你的星星——梅赛德斯

因为我很高雅——欧莱雅

---

① 洛克·哈森（1925—1985）：好莱坞著名男演员。

② 莎朗·斯通：1958年出生，美国女演员。2006年已是高龄的她顶住巨大压力演出《本能2》，拙劣的剧本和已经是明日黄花的美人令影片恶评如潮。

如果您想在这里为您的职场找到正确的定位，那么关键在于，您效力的那个公司有着怎样的形象。为了事业的前行，您的定位必须与公司的形象相配，成为一块招牌，成为只有您公司才有的一张闪光的名片。想反，在您的个人生活中，您完全可以自由自在、随心所愿地去尽情展现自己。

练习

请为您“自我品牌”定位：享乐主义者还是注重道德者

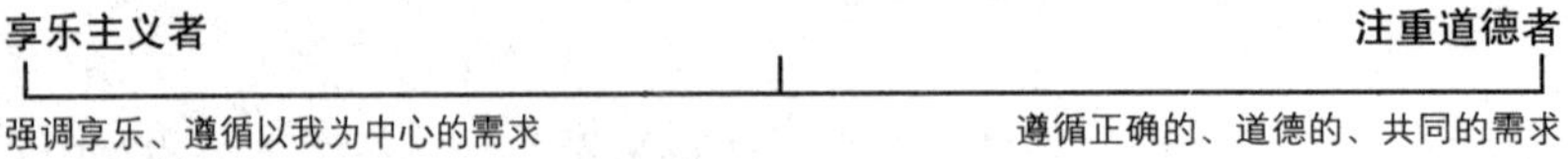

请为您职场的“女士品牌”定位：享乐主义者，还是注重道德者

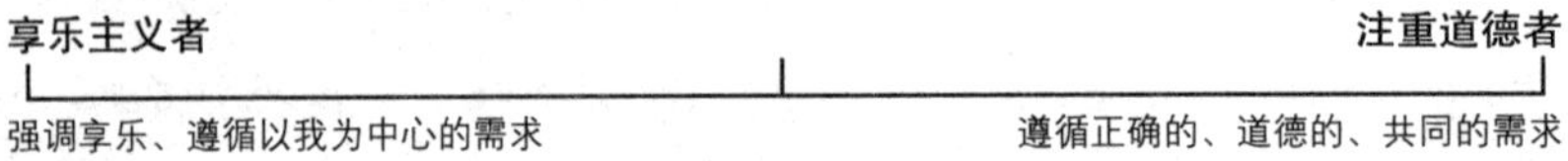

理想主义者和实用主义者

理想主义者和实用主义者并非与上述的浪漫主义者和现实主义者构成1 ∶ 1的对应关系。虽然实用主义者很现实，理想主义者很浪漫，但是反言之就没有说服力了。现实主义者和浪漫主义者主要表现的是她们的思想和感情，而实用主义者则是行动。在众多伟大的经典影片中，我们找到了理想主义者和实用主义者的代表人物，这部影片就是《乱世佳人》(《飘》)。请您回想一下费雯丽扮演的斯佳丽，一位充满激情的美国南方美女。她精力充沛，能量无限，眼睛总是盯着什么事可以干，从来不抱幻想。如果事情太多了，她会对自己说：“还是留到明天去干吧，不管怎么说，明天又是新的一天。”

斯佳丽——实用主义者

我们来看影片中的一场戏。战争结束后，斯佳丽终于可以返回家乡，但她热爱的塔拉庄园却是满目疮痍，一片废墟。她走到田野，场景笼罩在血红的色彩之中。她跪倒在地，把手伸进土里，然后向空中挥舞拳头，她对天发誓，一定要恢复塔拉庄园往日的风采。她说："上帝作为我的见证，我是不会屈服的，你们别想打垮我，我会度过这一切的，我将永远不再挨饿，不管是撒谎、去偷、去骗、去杀人。我向上帝发誓，我永远不想再挨饿。"她坚守她的誓言，从这一刻起，她变成了一个坚不可摧的实用主义女人。为了能拯救她的庄园，她用不正当的手段，骗取她妹妹的未婚夫与自己结婚。她违背内战时期南方联邦为女性制定的所有道德准则，她意志坚定地、自私地，以最实用主义的手段追逐着她的目标。为了得到她想要的，她动用了她的力量、她的头脑、她的眼泪和她的身体。她只有一个目的：拯救她热爱的庄园。斯佳丽是一位实用主义的斗士。无论在事业上，还是在个人生活中，只要可能做的事她都实施了，而她能想象的所有事，都是有可能实现的。

梅兰妮——理想主义者

与斯佳丽相反的是她的表妹梅兰妮。这是一位名副其实的理想主义者，她相信人都是善良的，她不承认斯佳丽爱上了她的丈夫艾希利。而艾希利本人是个梦幻者，尽管斯佳丽那么追求他，并且清楚地表达了她的爱意，但他还是选择了温柔的梅兰妮作为终身伴侣。也许他担心，他绝对对付不了像斯佳丽这么强大的女人。这是他唯一一个不能实现的愿望。而斯佳丽这个成就辉煌的女人，她得到了她想要的一切，唯一没有得到的就是这个男人，也许她不过是想找一个与自己的性格完全不同的男人而已。

设想一下，如果她嫁给这位索然无味的艾希利，那她会变成什么样的人呢？恰恰是强大的，实用主义女人常常想找一个与她们性格完全相反的男人，而却没有认识到，这样一个男人既不能理解她，也不能给她带来幸福。像斯佳丽这样一个女人其实需要的是像白瑞德这类的男人，他既能当她的伴侣，也是她合适的对手。一个女人，她越实用，越精力充沛，而能忍受这种能量，也会加以阻止的男人对她更有益，更合适。

没有实现的梦想带来的幸福

难道还有比梦想实现不了更糟的事吗？因为梦想就是要实现的啊！请您回想一下您过去心里爱过的这个或那个男人，无论出自什么原因，您最终未能得到他。您应该感恩，您没有得到他！命运对我们的安排常常比我们想的更好。如果您的第一次爱情如愿以偿有了结果，那么有些有抱负的女性就此会沦为一个精神苦恼的家庭妇女。如果是那样的结局就太悲惨了——比没有结果的爱情悲惨得多。

理想主义的女性很少按可行的，或者说对她有益的方向行事，而是努力为崇高的理想而奋斗。她们希望世界和平，每个人都幸福、快乐，而往往忘了自己。这样的女性一般都比较文静，在社会公益领域比在商场上更容易见到她们的身影。您是哪种类型呢？

练习

请为您“自我品牌”定位：理想主义者还是实用主义者

理想主义者	实用主义者
追逐伟大的理想	追逐自己的想法和可能性

请为您“职场品牌”定位：理想主义者还是实用主义者

理想主义者	实用主义者
追逐伟大的理想	追逐自己的想法和可能性

感性者和理性者

感性者与理性者为一组，感情冲动者与认知者为一组，两组不同，容易混淆。我有必要在此做一番区别，因为在精神分析学中它们的深层感知模式完全不同。如果您知道自己如何发挥功能，那会很有益的。

感性者不一定感情冲动

感性的女子与理性的女子完全不同，她是用她的感官，而不是用她的理智去感受生活和发送她们的信息的。因此，女人们从外表就能表现出她是感性的，还是理性的。感情冲动，或者认知者就不一样了，她们不是单纯地接收信息，而是要加工信息。感情冲动者凭直觉加工她们得到的信息，而认知者则要深思熟虑。

感性女性的完美化身是丽塔·海华丝①在电影《吉尔达》中饰演的女主角吉尔达。她用摘下手套来暗示情欲已经产生，这种表达肉欲的方式和技巧其他女演员是很难表演到位的。而理性的女人也完全能散发出性感的魅力，但是她们的表现手法就不同了。电影《江湖侠侣》②中的劳伦·巴考尔③就是理性女子的范例。她对片中情侣说："如果您想得到我，您只须向我射箭。您知道，您该怎么做，对吧，史蒂夫？您闭上嘴唇，吹口气。"她用低沉性感的嗓音传情，让人感觉到她要求性交。这两个人物的区别在于，感性女人不需要语言、解释，或者智慧的暗示，对方就心领神会，吉尔达就这样轻而易举地勾引着每一个男人，而理性女人更多的是通过文字游戏和智谋，也许会给男方造成一点儿恐惧。因此，主要的区别是，我们怎样感受世界，以及我们释放什么样的信号。

练习

请为您"自我品牌"定位：感性者还是理性者

感性者　　　　　　　　　　　　　　　　　理性者

遵循感官的感受能力　　　　　　　　　　　遵循逻辑法则

请为您"职场品牌"定位：感性者还是理性者

感性者　　　　　　　　　　　　　　　　　理性者

遵循感官的感受能力　　　　　　　　　　　遵循逻辑法则

---

① 丽塔·海华丝（1918—1982）：美国电影女明星。

② 《江湖侠侣》根据海明威小说改编的电影，又名《逃亡》《取舍之间》，1944年上映。

③ 劳伦·白考尔：1924年出生，好莱坞女明星，2009年荣获奥斯卡终身成就奖。

感情冲动者和认知者

这两个极性与感性和理性者的区别不在于如何感受世界，而是如何加工内心得到的感受。

对接收到的信息，一个女人的反应是感情冲动，即感情丰富呢，还是采取认知态度，即合乎理智的呢？

戴安娜王妃是感情用事的典型，而她的婆婆英国女王伊丽莎白二世则有很高的认知度。也许王室成员只有生活不出轨，才能在宫廷里生存。世界上有谁能被要求做到不动情，不冲动，事事处处都理性呢？戴安娜已经逝世好些年了，而女王伊丽莎白二世仍旧健在，并且还在以冷静的头脑掌管着王室家族。不仅在有严格宫廷规矩的英国王室，而且在现代社会类似的故事还在继续，人们得知道，如何控制他们的情感。

练习

给您的“自我品牌”定位：感情冲动者还是认知者

感情冲动者 …… **认知者**

热情 — 冲动 — 敏感 — 感觉到 — 平衡 — 思索 — 谋略 — 冷静，认知

给您的“职场品牌”定位：感情冲动者还是认知者

感情冲动者 …… **认知者**

热情 — 冲动 — 敏感 — 感觉到 — 平衡 — 思索 — 谋略 — 冷静，认知

衷心地祝贺您！您现在为自己完成了所有的定位。请把结果一一标明在下面的十字形定位简图中。一览表给您提供了您在各个定位的清晰留影，您随即可以借助其他的问题轻松愉快地为自己设计形象。

预祝您在十字形图表的定位穿梭中获得快乐！

练习

为您的“自我品牌”定位：

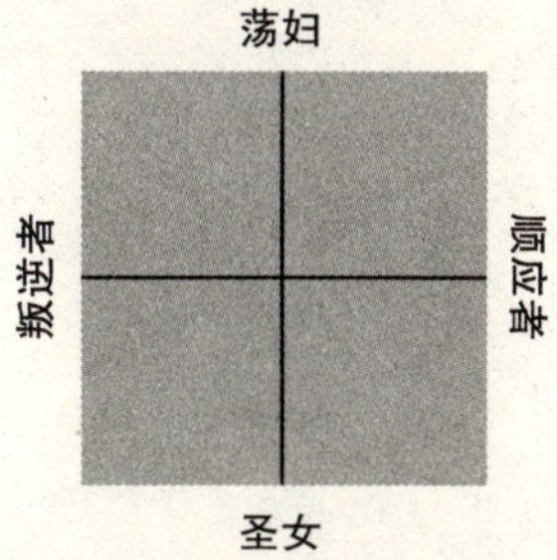

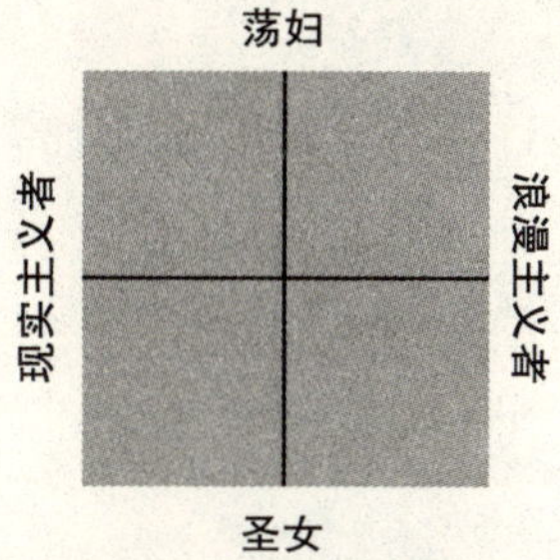

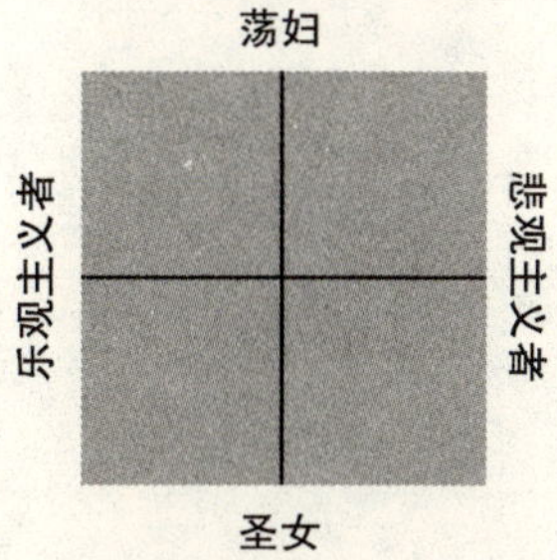

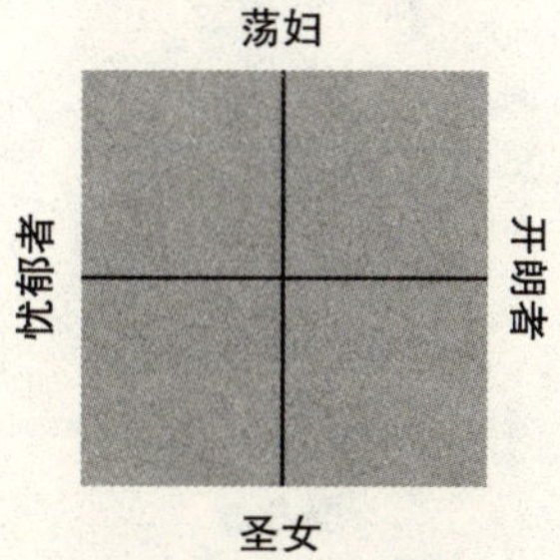

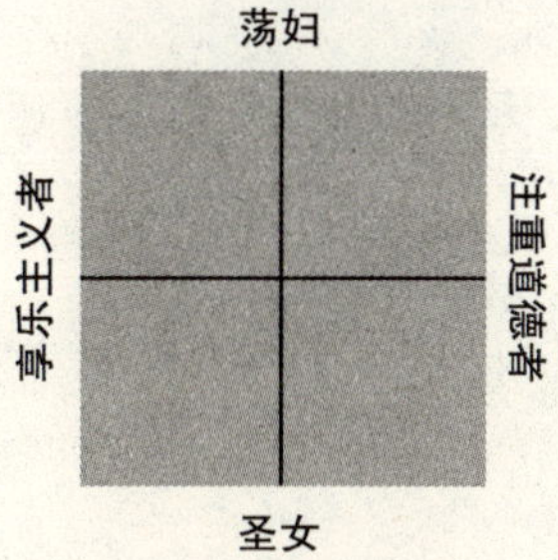

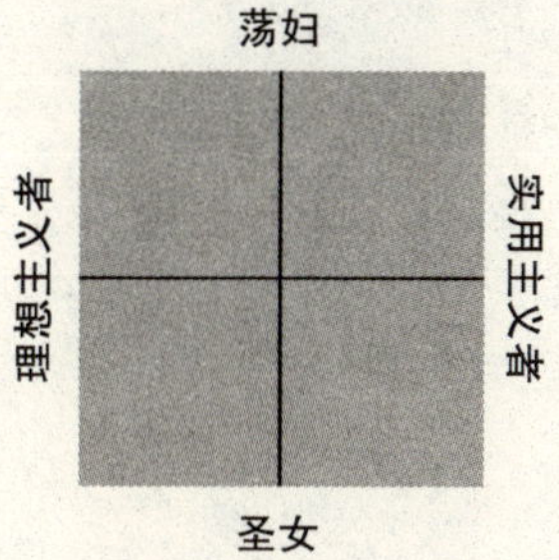

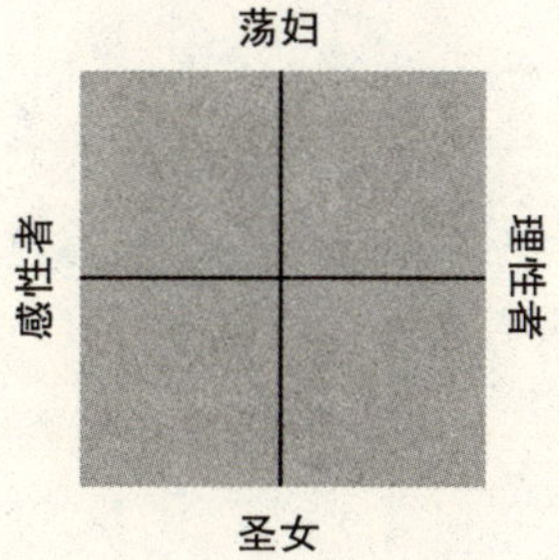

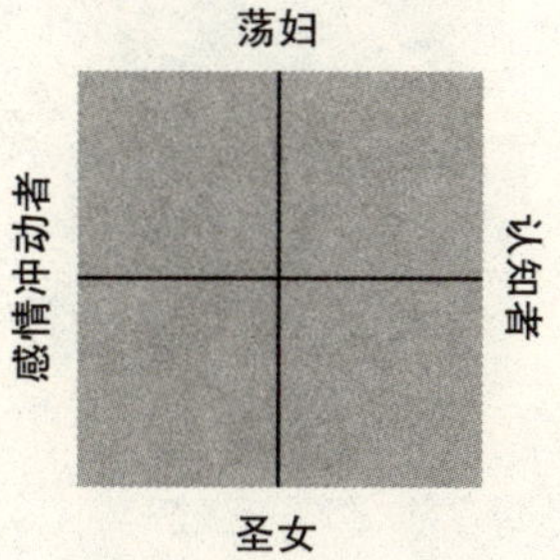

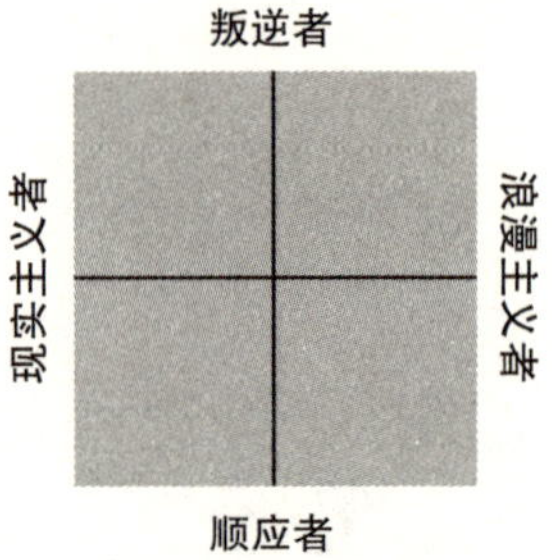
叛逆者
现实主义者
浪漫主义者
顺应者

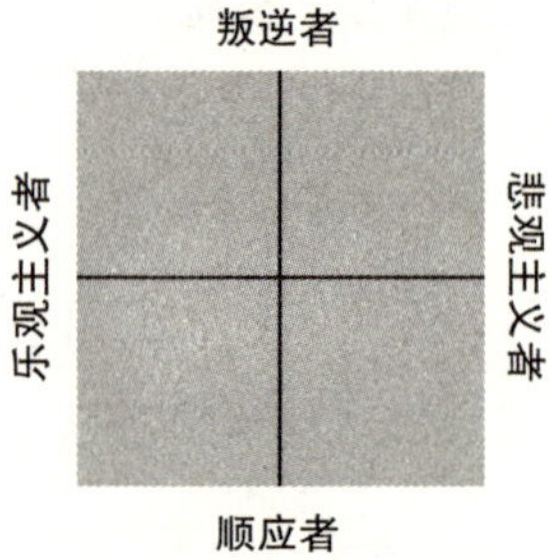
叛逆者
乐观主义者
悲观主义者
顺应者

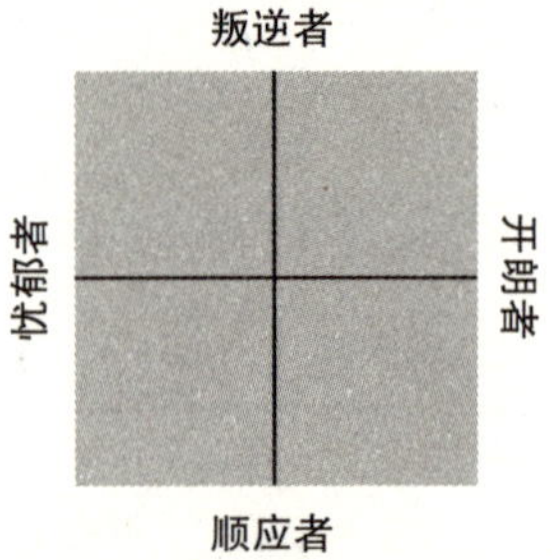
叛逆者
忧郁者
开朗者
顺应者

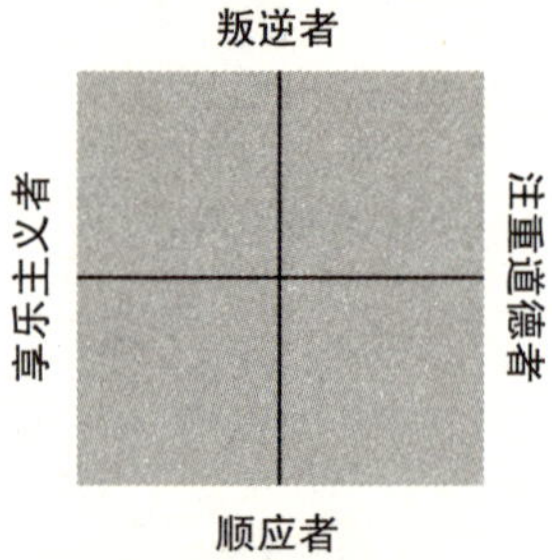
叛逆者
享乐主义者
注重道德者
顺应者

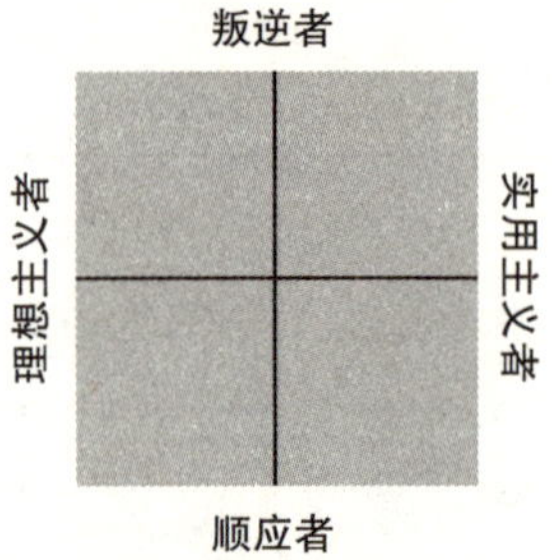
叛逆者
理想主义者
实用主义者
顺应者

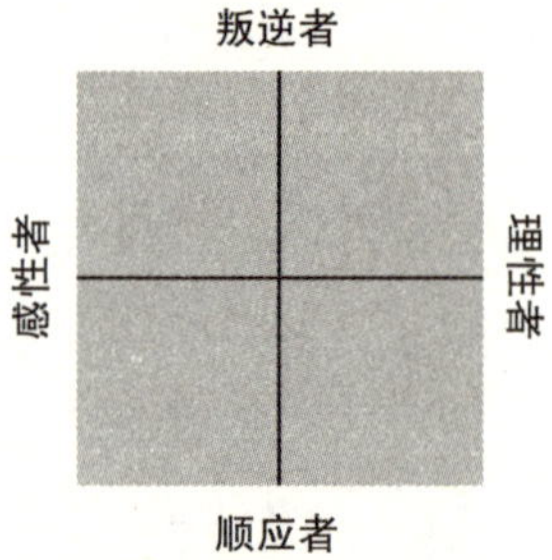
叛逆者
感性者
理性者
顺应者

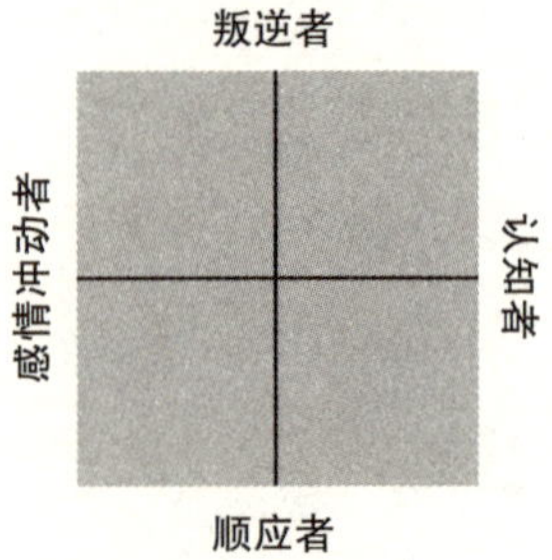
叛逆者
感情冲动者
认知者
顺应者

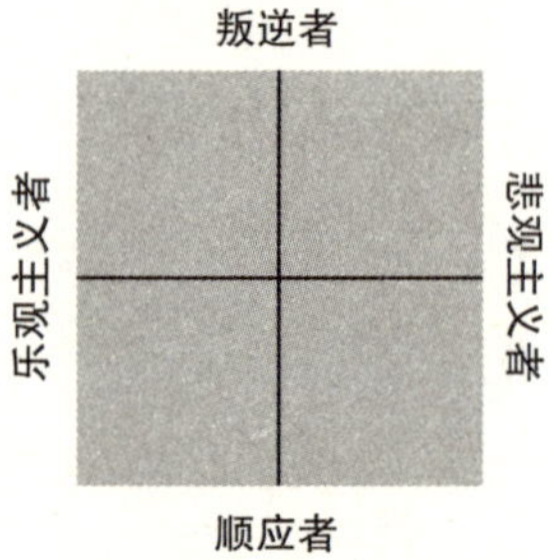
叛逆者
乐观主义者
悲观主义者
顺应者

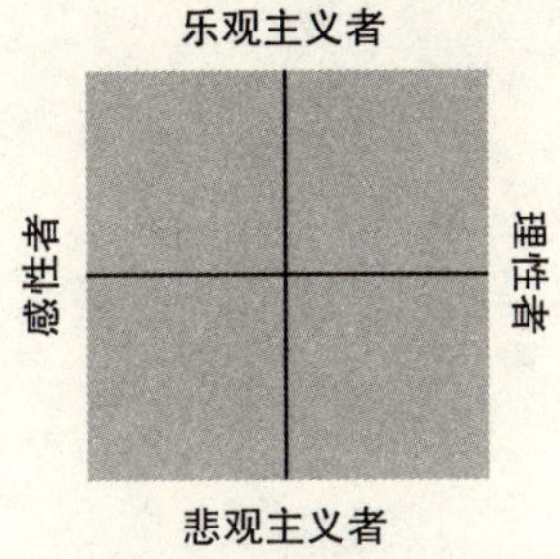
乐观主义者
感性者
理性者
悲观主义者

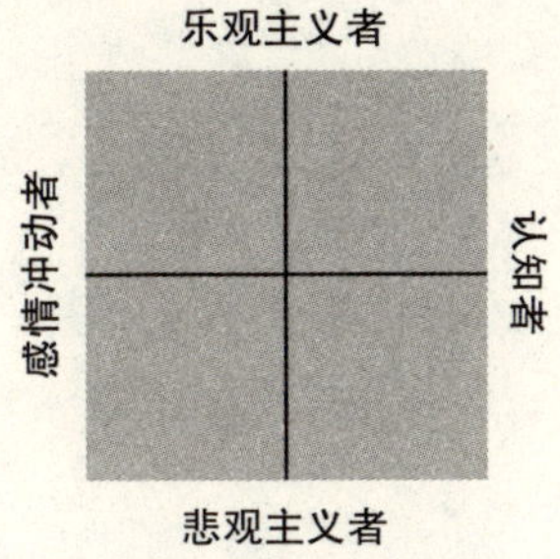
乐观主义者
感情冲动者
认知者
悲观主义者

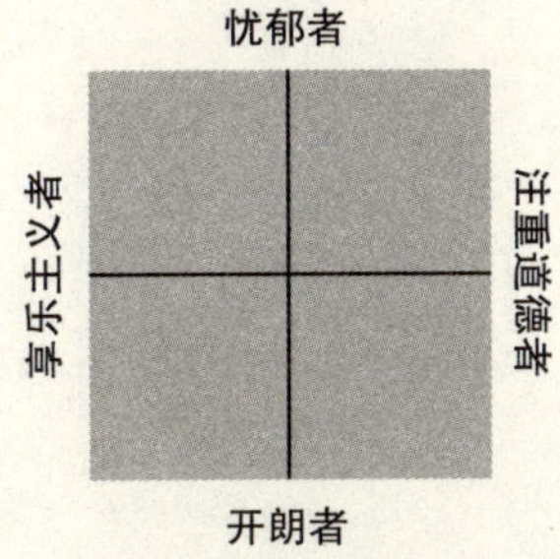
忧郁者
享乐主义者
注重道德者
开朗者

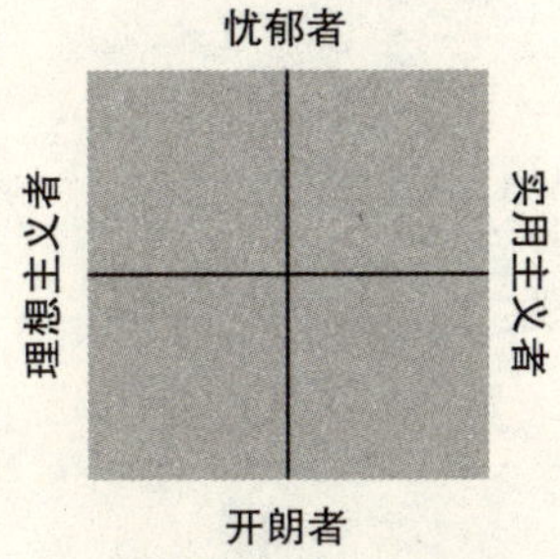
忧郁者
理想主义者
实用主义者
开朗者

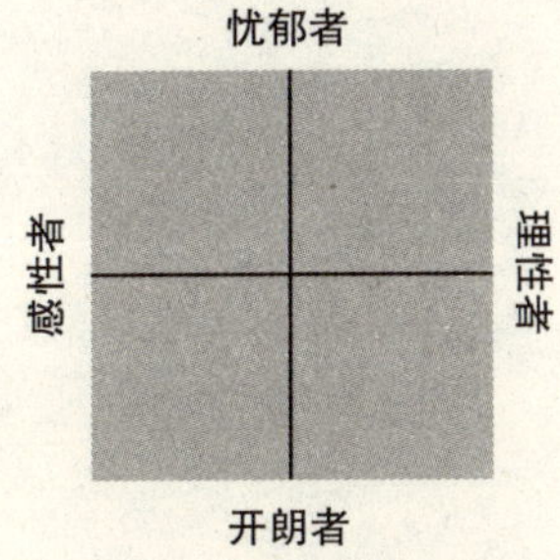
忧郁者
感性者
理性者
开朗者

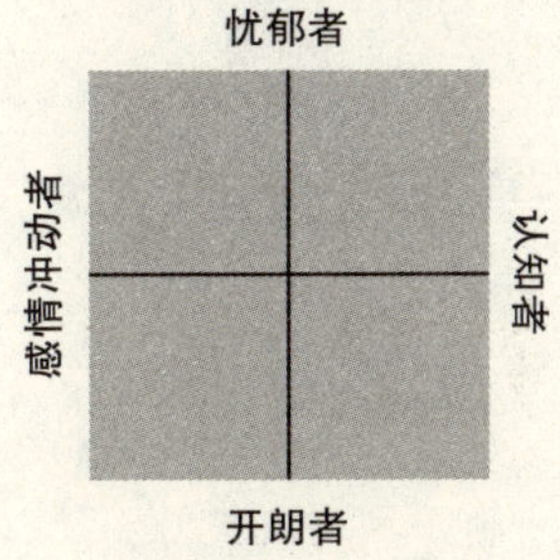
忧郁者
感情冲动者
认知者
开朗者

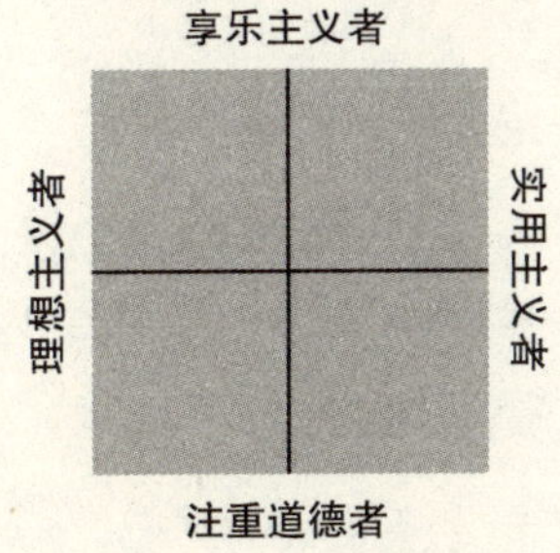
享乐主义者
理想主义者
实用主义者
注重道德者

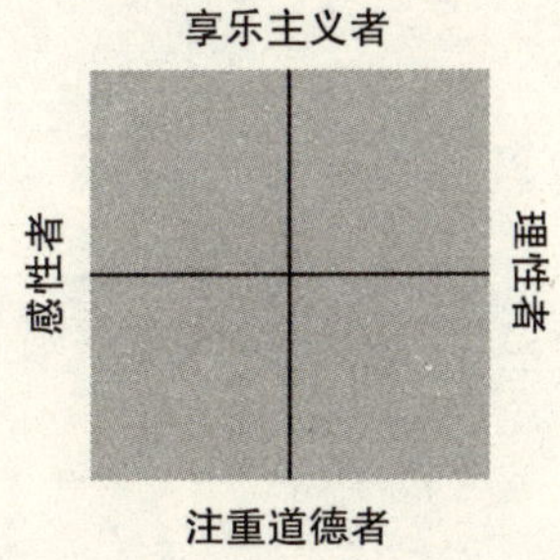
享乐主义者
感性者
理性者
注重道德者

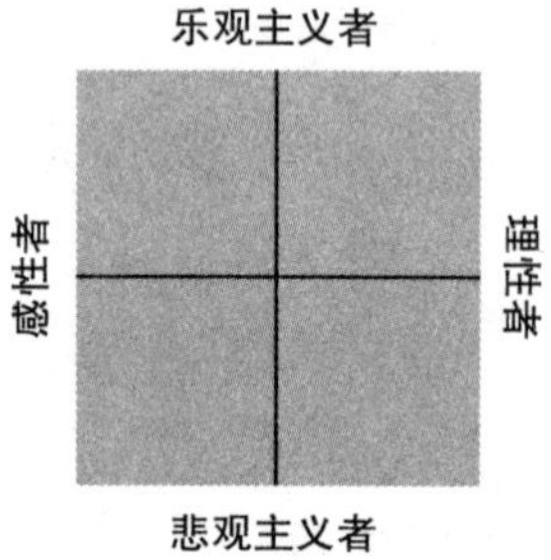
乐观主义者
感性者
理性者
悲观主义者

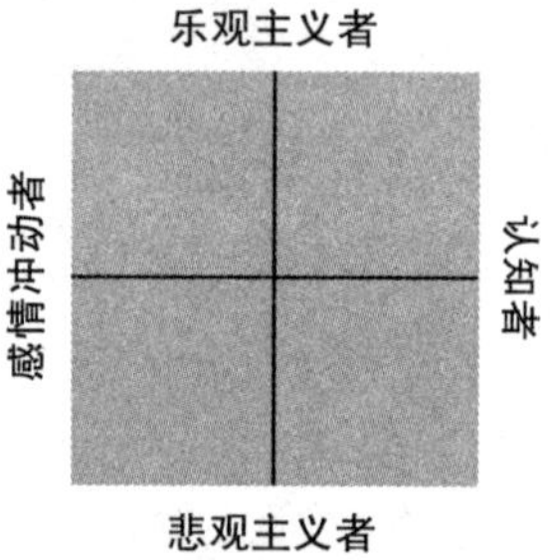
乐观主义者
感情冲动者
认知者
悲观主义者

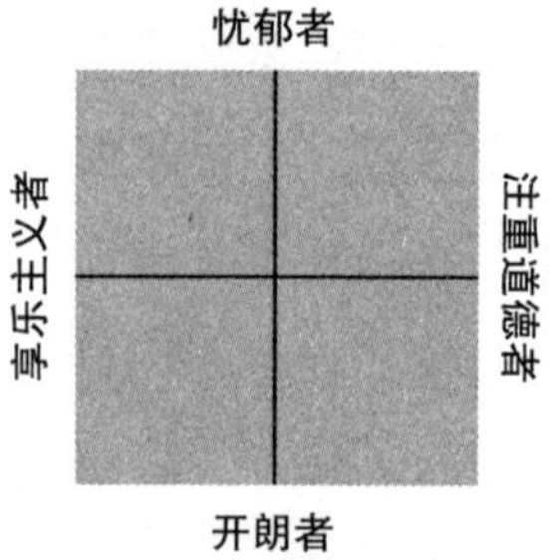
忧郁者
享乐主义者
注重道德者
开朗者

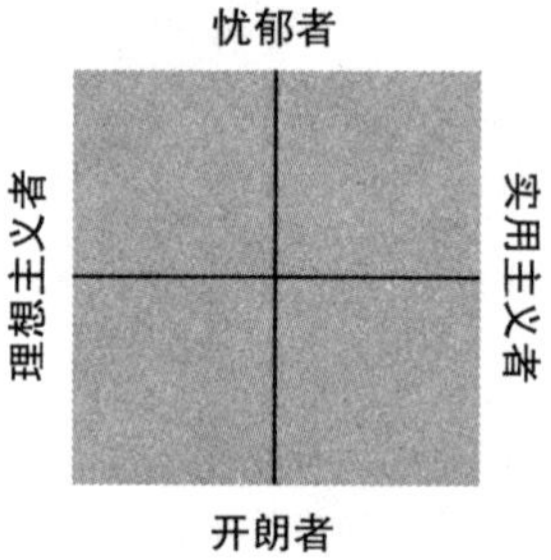
忧郁者
理想主义者
实用主义者
开朗者

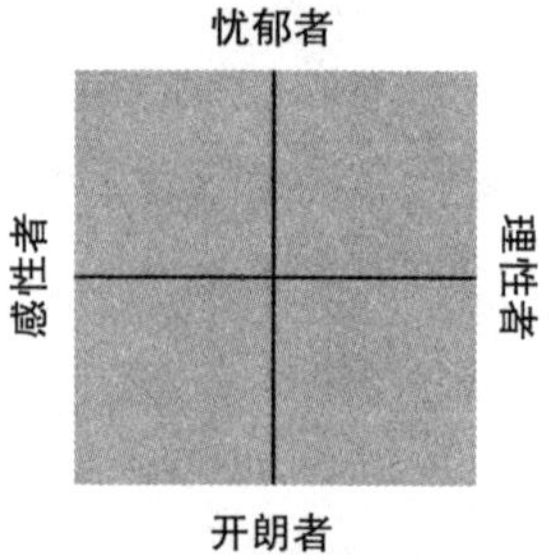
忧郁者
感性者
理性者
开朗者

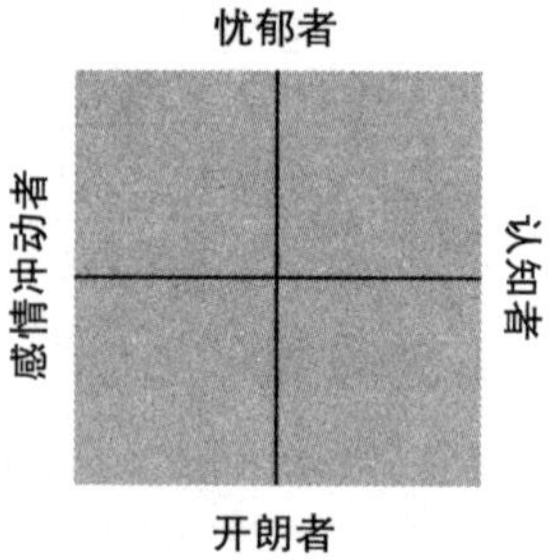
忧郁者
感情冲动者
认知者
开朗者

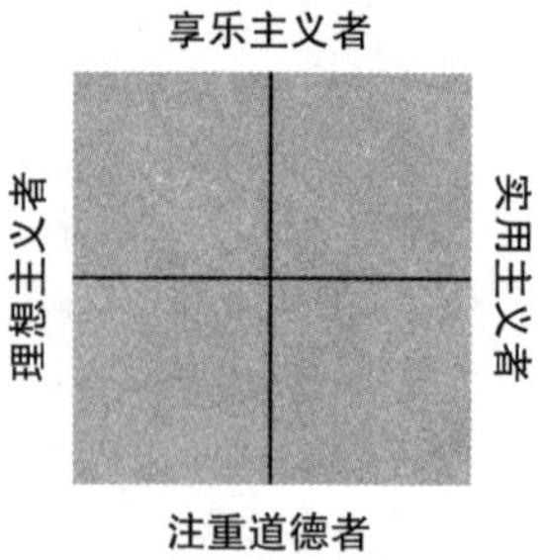
享乐主义者
理想主义者
实用主义者
注重道德者

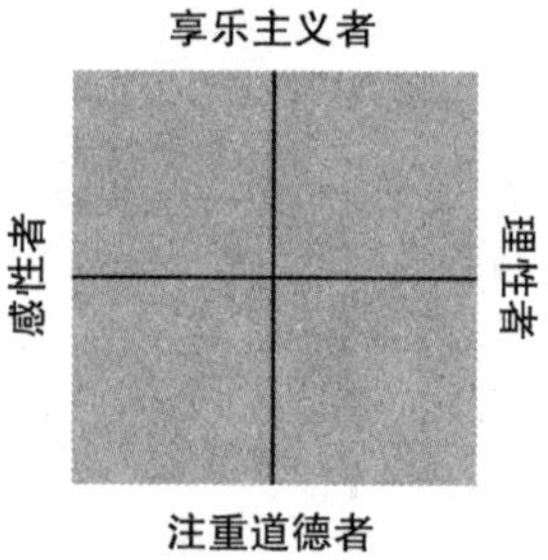
享乐主义者
感性者
理性者
注重道德者

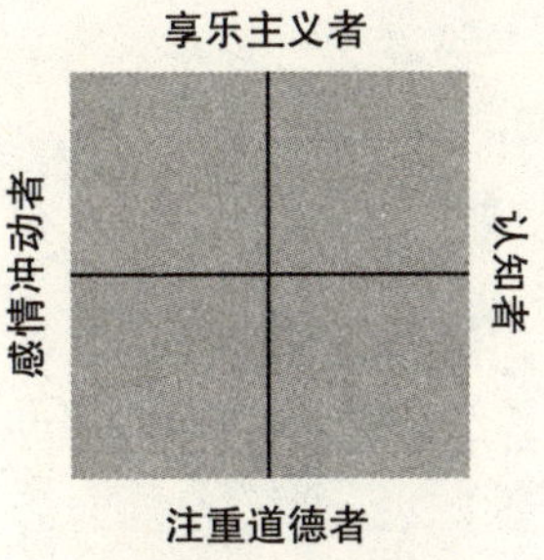

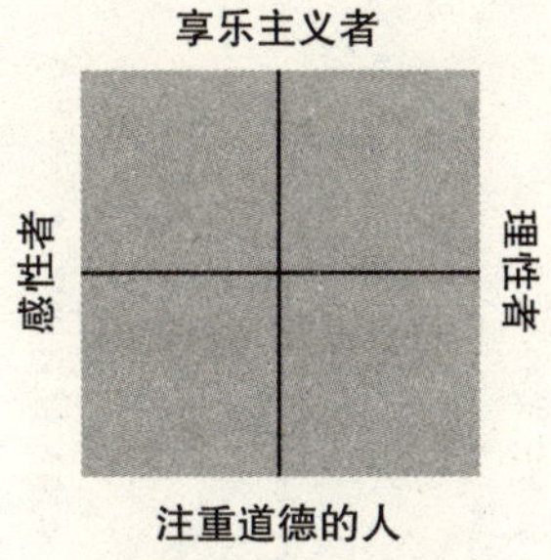

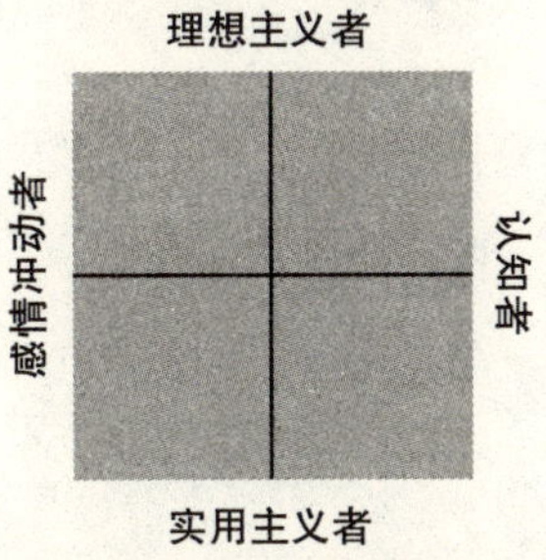

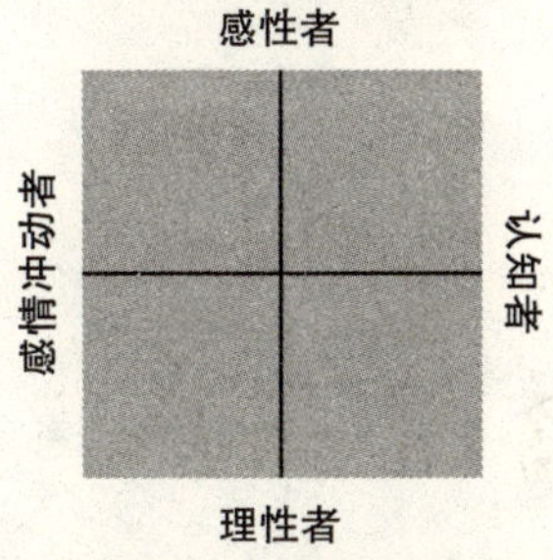

练习

给您的“职业品牌”定位：

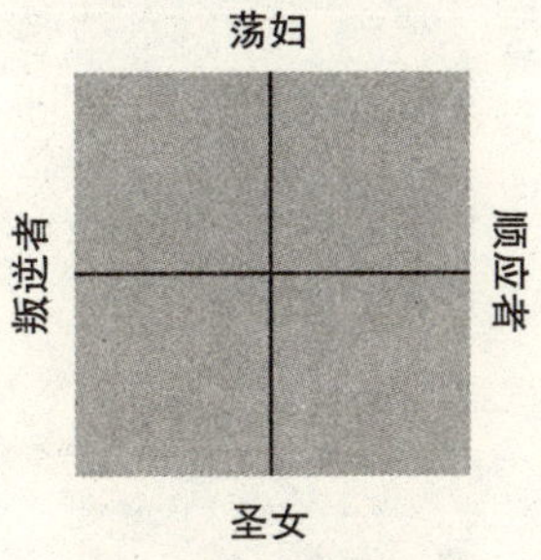

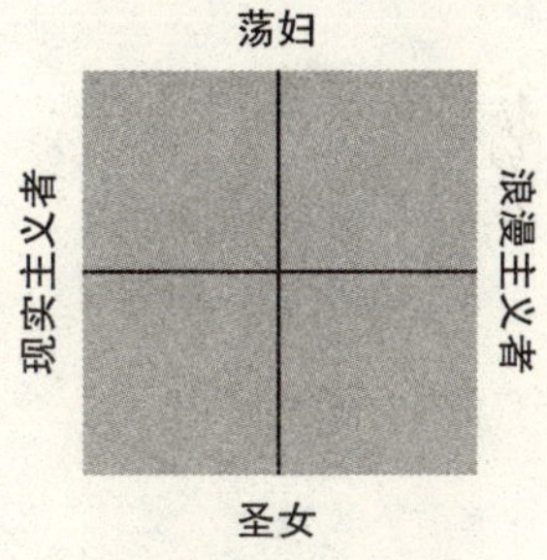

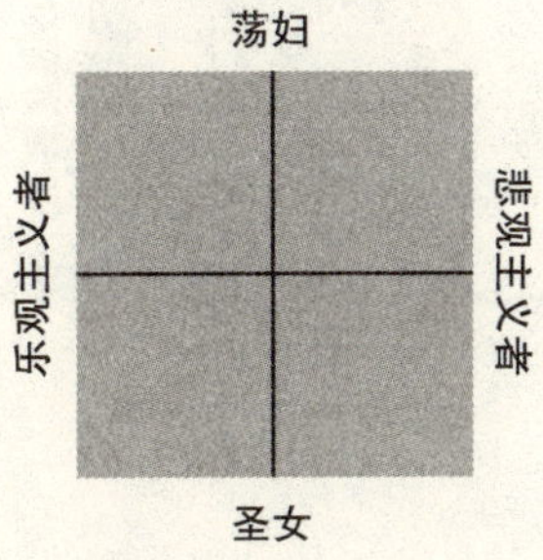

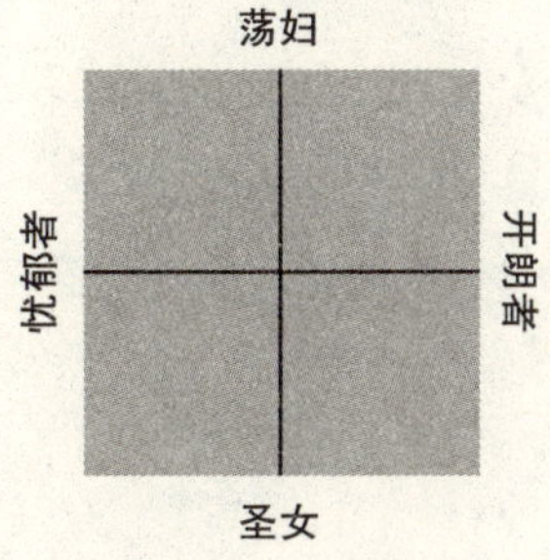

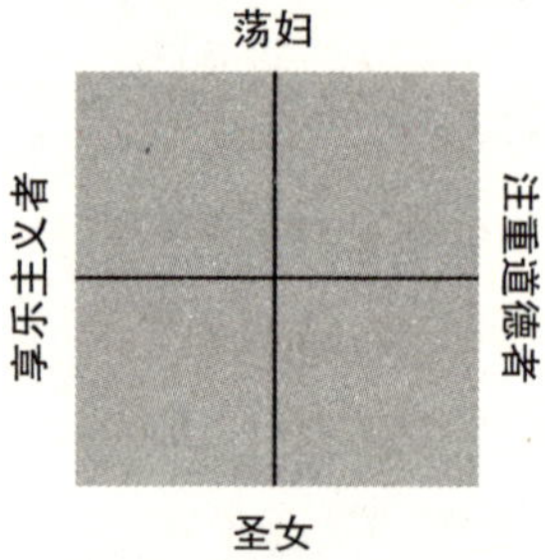
荡妇
享乐主义者
注重道德者
圣女

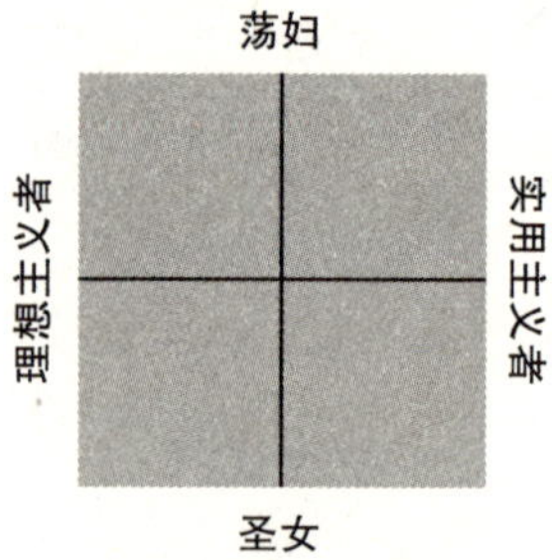
荡妇
理想主义者
实用主义者
圣女

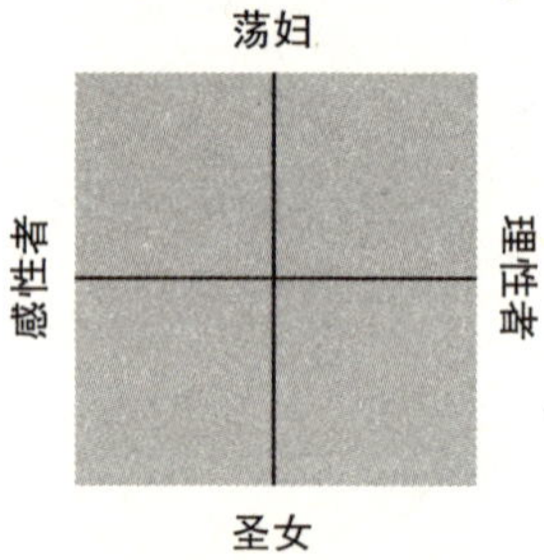
荡妇
感性者
理性者
圣女

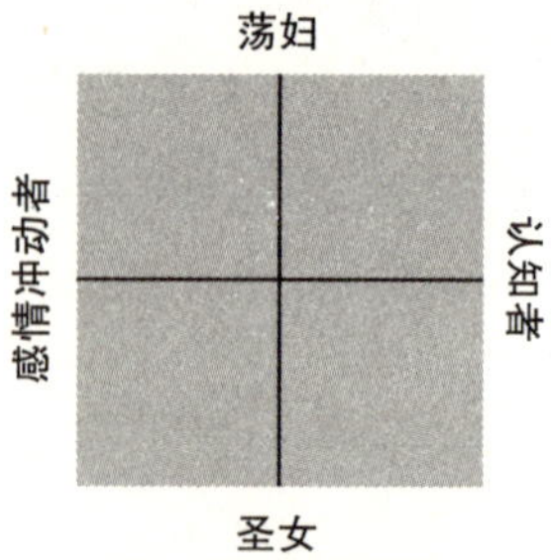
荡妇
感情冲动者
认知者
圣女

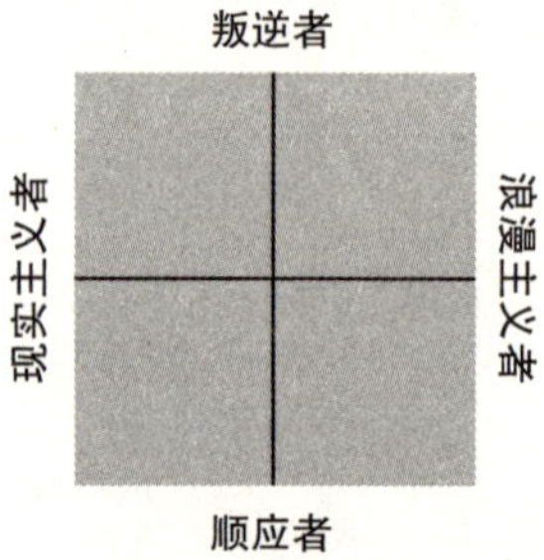
叛逆者
现实主义者
浪漫主义者
顺应者

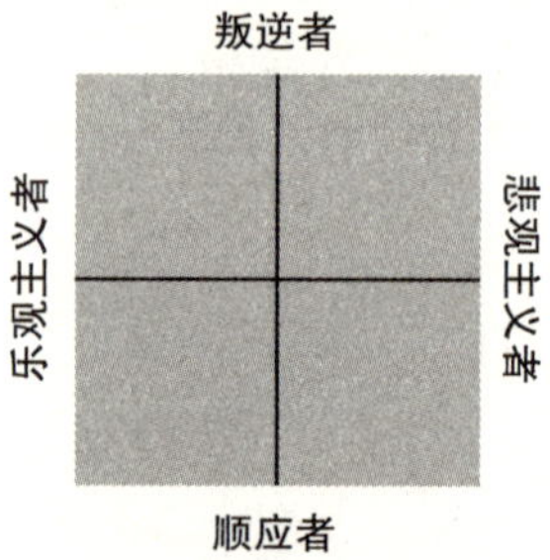
叛逆者
乐观主义者
悲观主义者
顺应者

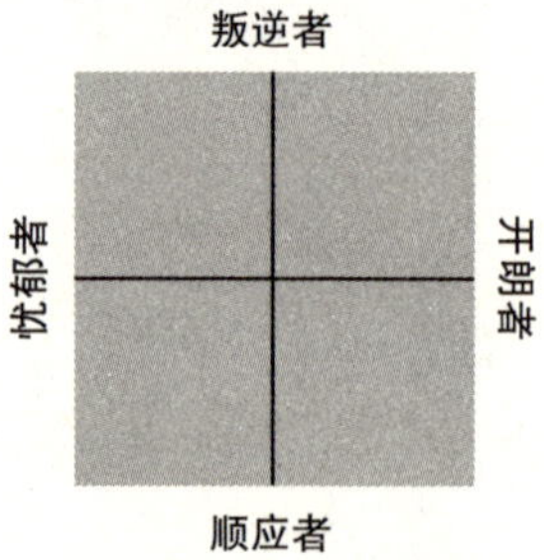
叛逆者
忧郁者
开朗者
顺应者

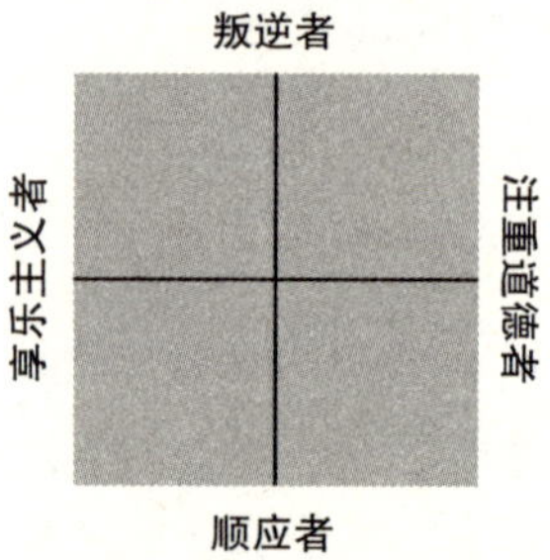
叛逆者
享乐主义者
注重道德者
顺应者

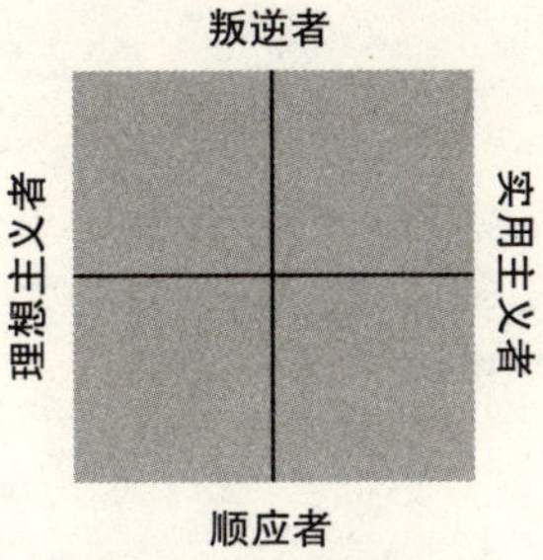
叛逆者
理想主义者
实用主义者
顺应者

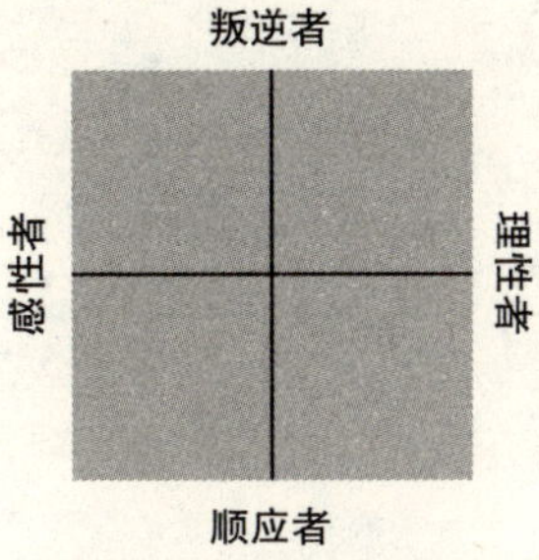
叛逆者
感性者
理性者
顺应者

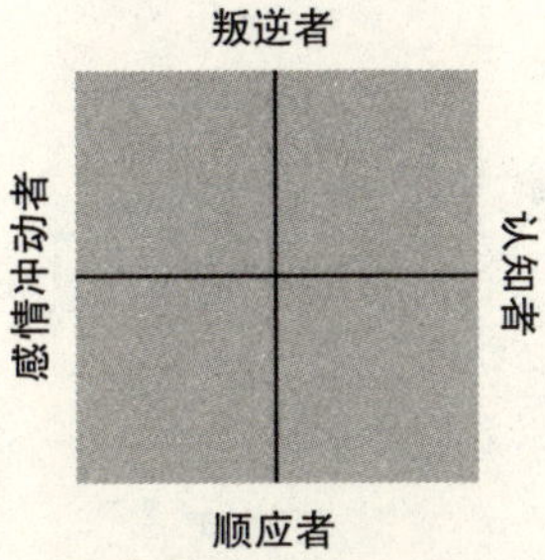
叛逆者
感情冲动者
认知者
顺应者

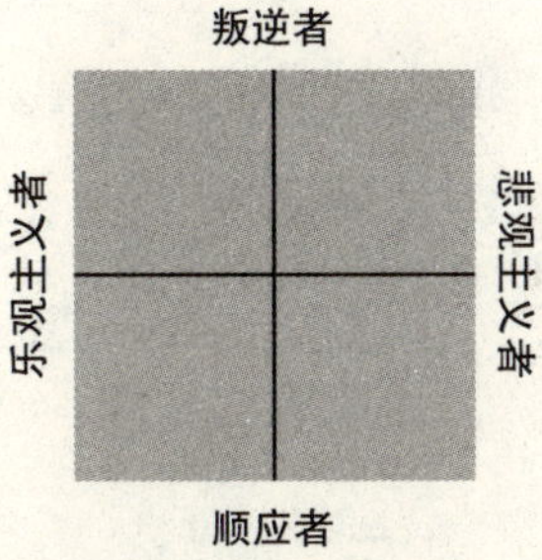
叛逆者
乐观主义者
悲观主义者
顺应者

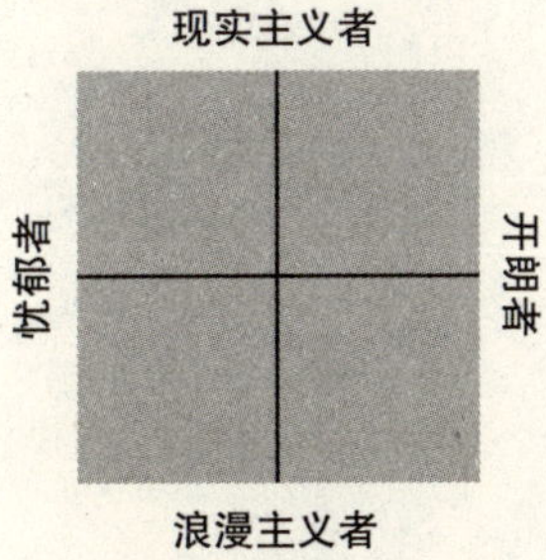
现实主义者
忧郁者
开朗者
浪漫主义者

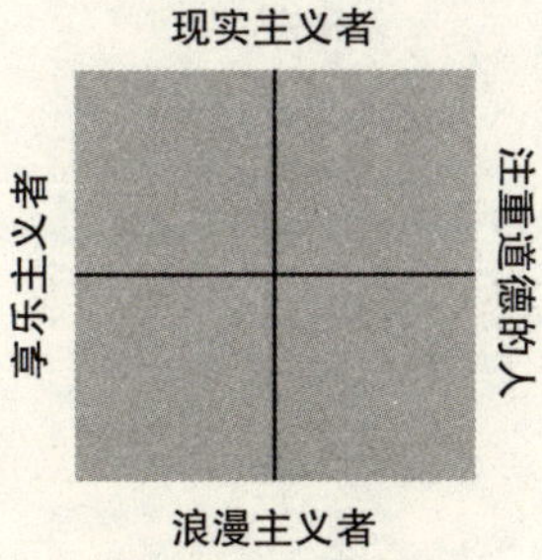
现实主义者
享乐主义者
注重道德的人
浪漫主义者

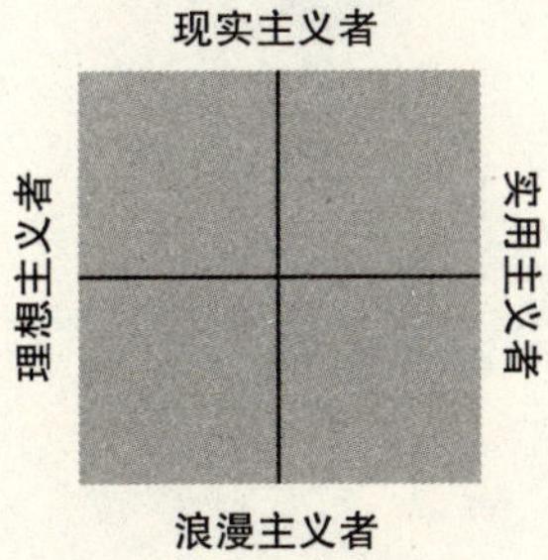
现实主义者
理想主义者
实用主义者
浪漫主义者

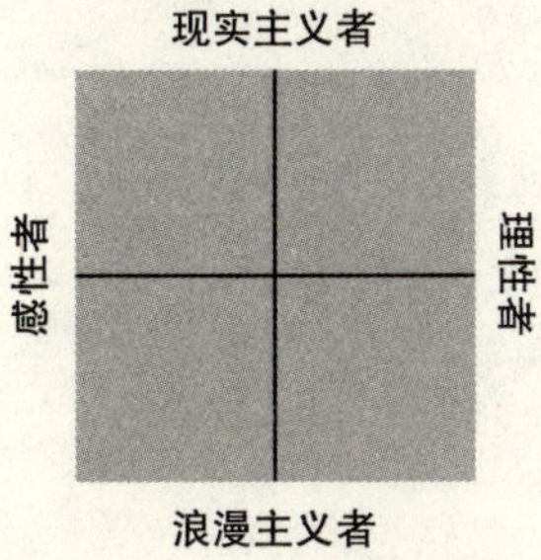
现实主义者
感性者
理性者
浪漫主义者

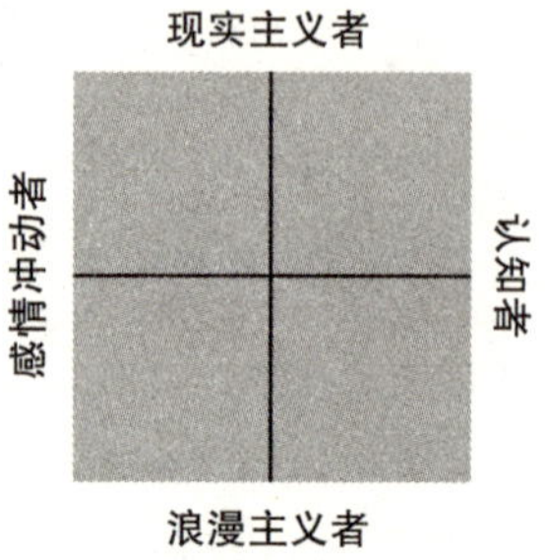
现实主义者
感情冲动者
认知者
浪漫主义者

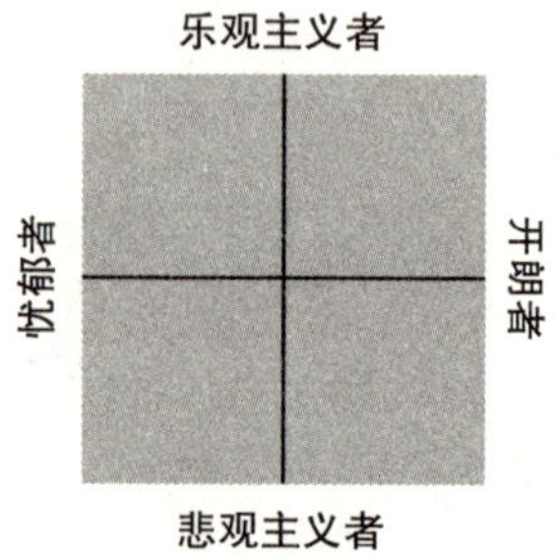
乐观主义者
忧郁者
开朗者
悲观主义者

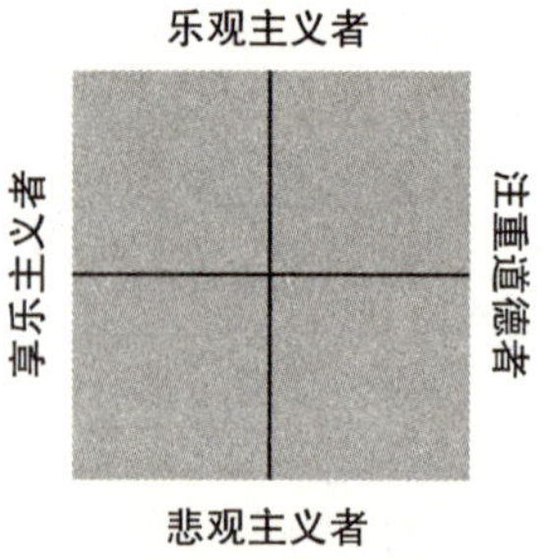
乐观主义者
享乐主义者
注重道德者
悲观主义者

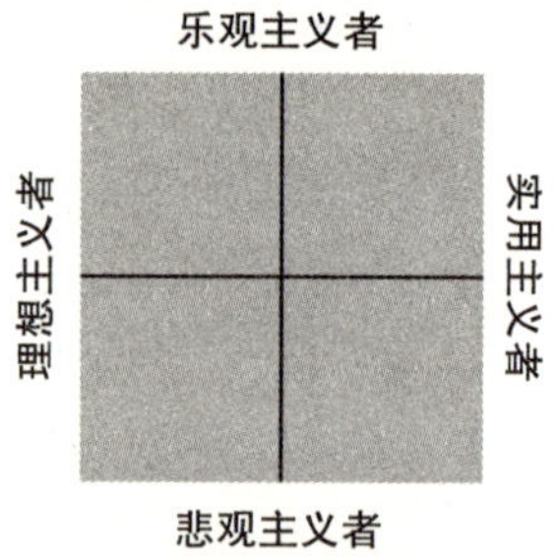
乐观主义者
理想主义者
实用主义者
悲观主义者

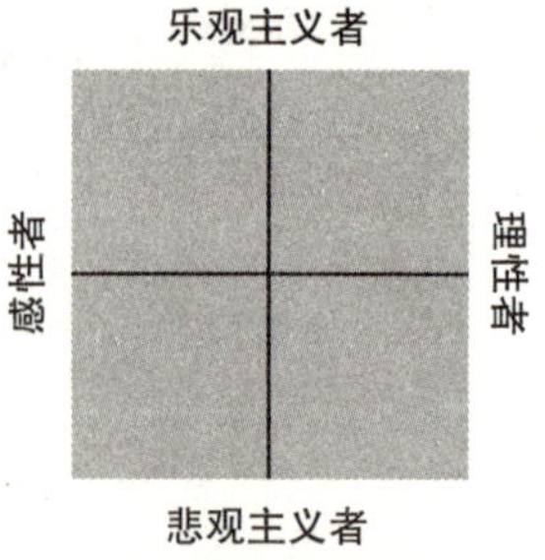
乐观主义者
感性者
理性者
悲观主义者

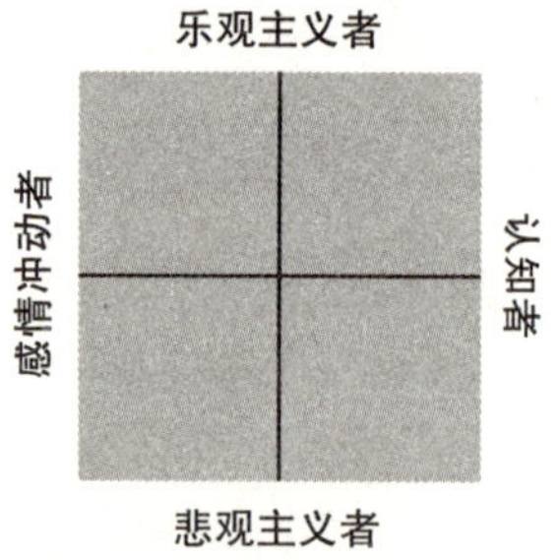
乐观主义者
感情冲动者
认知者
悲观主义者

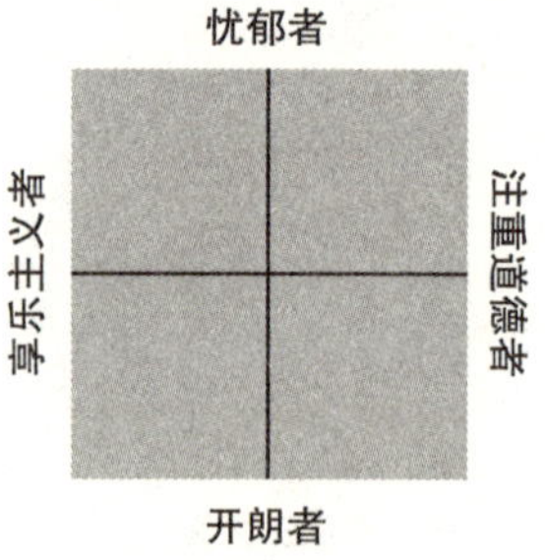
忧郁者
享乐主义者
注重道德者
开朗者

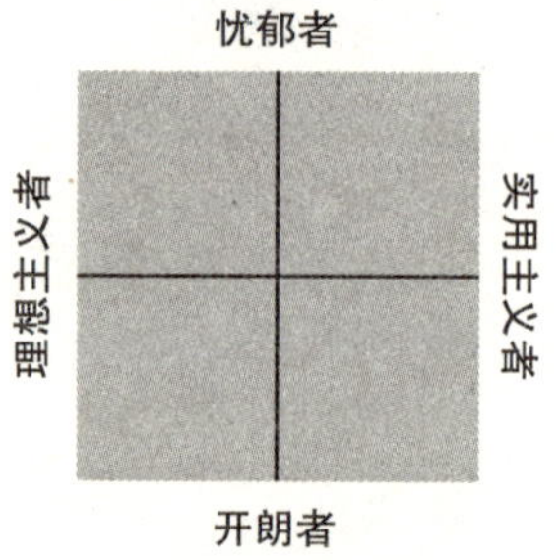
忧郁者
理想主义者
实用主义者
开朗者

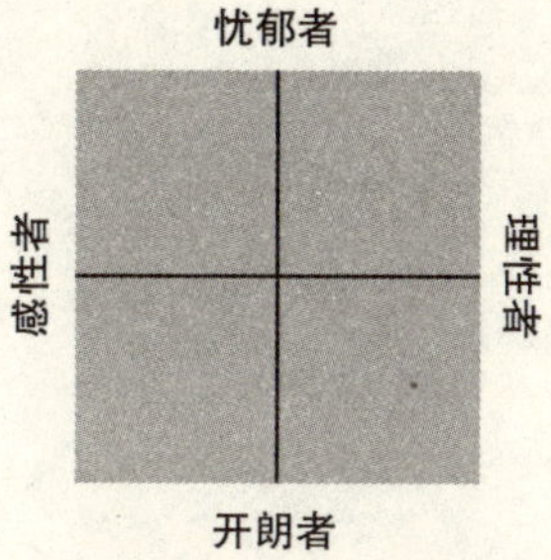

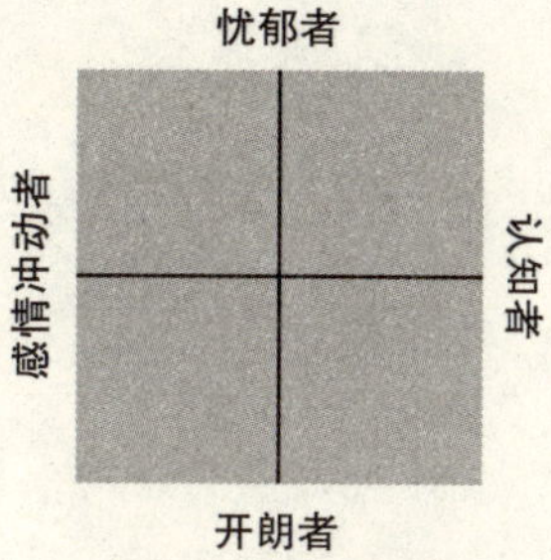

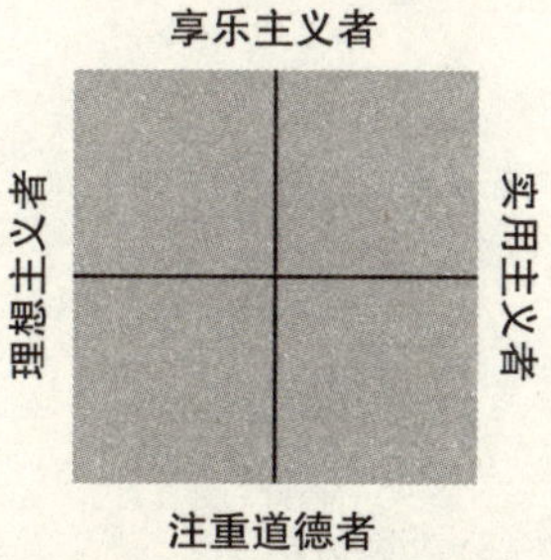

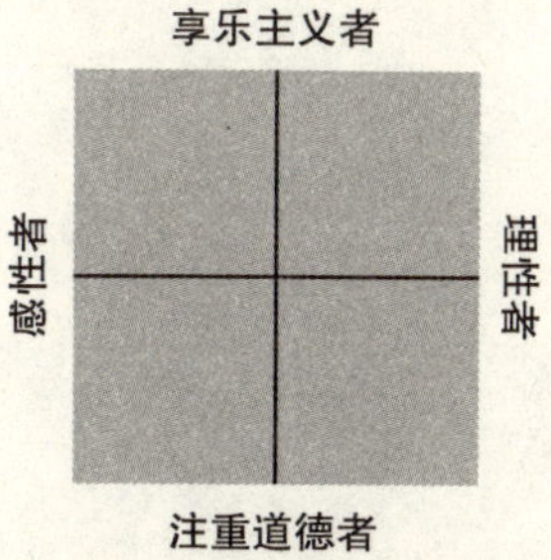

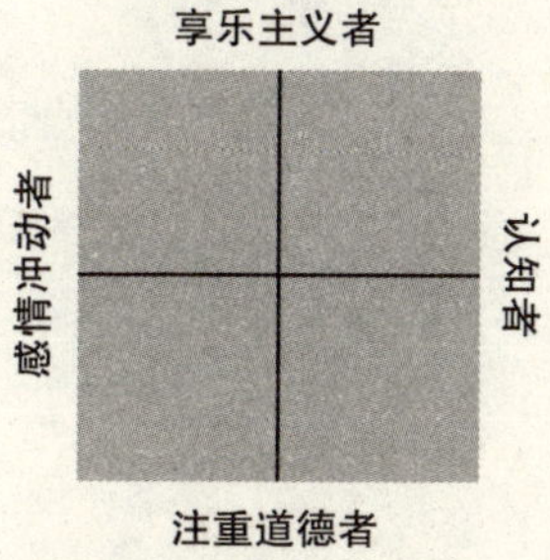

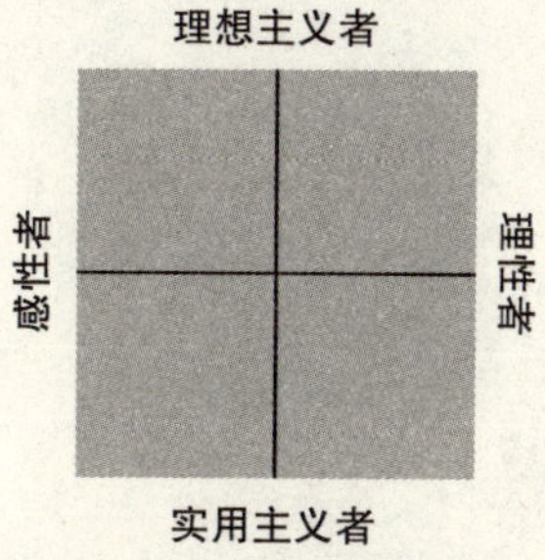

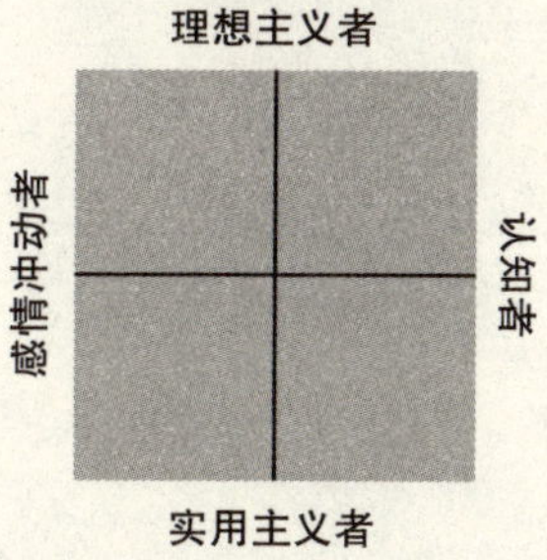

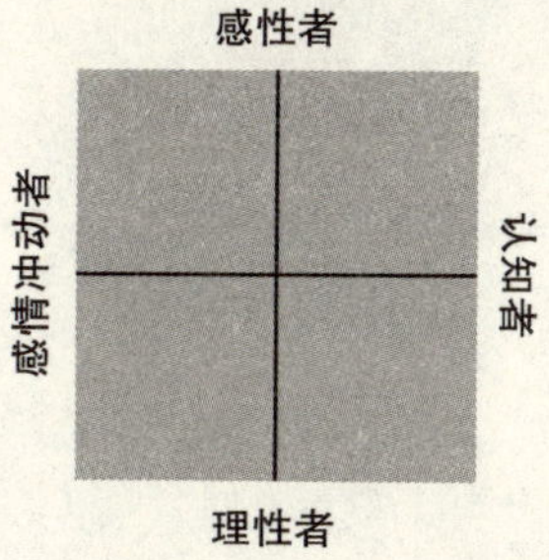

其他的有关练习在第 6 章。

女性要过尽在掌握的生活：生活和事业规划

6. 借助希腊女神人格分类转盘来定位

我们可以向神话学习什么

现在已经到达要书写您个人的神话篇章了。这一路上您重温了希腊神话中的女神们，结识了新时代的四个女士，在此之中不断地认识了自我。最后一章教您如何在现有格调的基础上找到最好的谋略，以此达到您未来的目标。前一章您填写的定位以及普赛克的策略会助您一臂之力、雅典娜将帮您诠释您的目标、喀耳刻协助您找到正确的价值观和信念、阿佛洛狄忒领您走进灵活机敏的交际领域、帕特和缪斯为您提供创意、亚马孙女人帮您策划稳操胜券的行动。如果还是不顺，我们的火象女神美狄亚的谈判和斗争策略会救您一命（请看下面的人格转盘）。

学习普赛克，找到事业和个人的同一性

如果我们想找到事业和个人的真正同一性，那么普赛克无疑是最好的顾问，因为她具有很强的爱情能力，另外她本身就是灵魂女神。

通过前面那么多的定位练习，您已经获得了您是谁和您想成为谁这个问题的答案。请您再把您的定位简图放在眼前，并借助简图进入下一个口头表述练习。

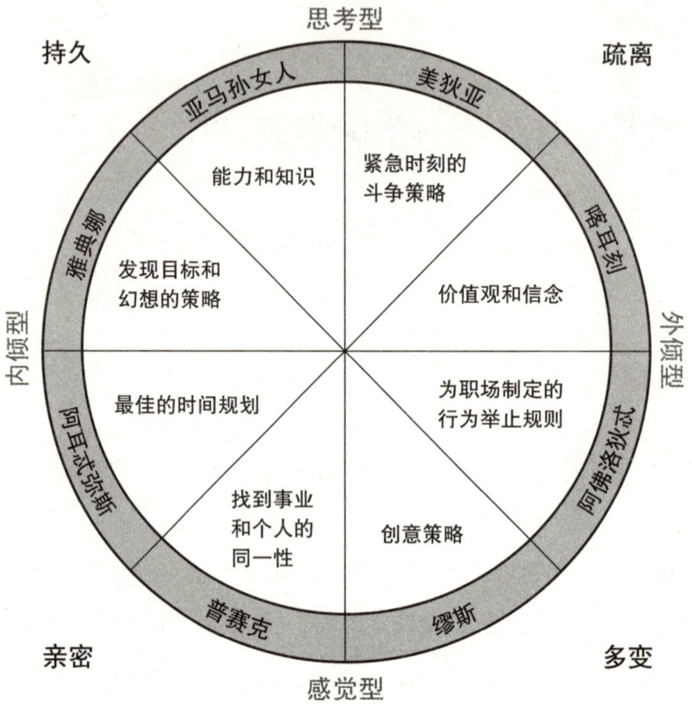

练习

用口头表述

请按下面例句来描述自己。

例句

我本身是一个乐观的，但属忧郁型的浪漫主义者，热爱享乐主义的生活，既感性，又理性，可惜在与两性关系中，我更喜欢顺应，而不是去抗争。

在职场中我是个乐观派，而且是开朗的现实主义者，更喜欢有争议地、理智地对待要接受的任务，并且总是显示出很强的感性和感情冲动。

我对以下几点很满意：我喜欢我的两重感觉，喜欢职场中的我与生活中的我之间存在的巨大差异。

我对以下几点不满意：在个人的生活中，我也习惯于更多地去纠缠事实，对事物的看法总是不大乐观。

因此，将来我要改变下面几点：

未来我将更多地用现实的眼光去看人，要更多地去动脑筋，好好思考，我可以无条件地知道自己应该信赖谁，应该放弃谁。

我本身是：

____

____

____

____

____

在职场中我是：

____

____

____

我对以下几点满意：

____

____

____

____

我对以下几点不满意：

____

____

____

____

因此我将来要改变下面几点：

____

____

____

____

为普赛克总结的几条生活格言

- 爱情是我们唯一不能浪费的东西。——里尔·胡赫
- 爱情就是让灵魂留驻在另外一个人的心灵之中。——大卫·弗里德里希·施莱尔马赫
- 世界上除了爱情，没有其他方法能将人和事装点得那么美。——罗伯特·穆齐尔
- 生死之间的生活裂痕只有对话才能填补。——马丁·布伯①
- 除了身体，再也没有什么可付出的女人是十分可怜的。——玛丽·冯·埃布·艾森巴赫②
- 成就永远伴随着被爱的女人。——维基·鲍姆③
- 自由不存在；它只是心灵深处的一个愿望。——埃米尔·昂里奥④
- 在我们的人生中，只有一个时间是最重要的，那就是现在；在我们的人生中，只有一个人是最重要的，那就是我们正面对着的人；在我们的人生中，只有一个作品是最必须的，那就是爱情。——列夫·尼古拉耶维奇·托尔斯泰
- 我们心里没有进步，我们的周围就不会有进步。——卡尔·荣格
- 值得幸福和高兴的事必做。——康德⑤
- 游必有方。——孔子

学习雅典娜，掌握确定目标的策略规划

聚焦男性的思维，我们从中切实可以学到的东西就是：目标清楚明确。具

① 马丁·布伯（1978—1963）：奥地利哲学家、翻译家、教育家。

② 玛丽·冯·埃布·艾森巴赫（1830—1916）：奥地利的首映式女作家。

③ 维基·鲍姆（1888—1960）：奥地利小说家。

④ 埃米尔·昂里奥（1989—1961）：法国散文家和文学评论家。

⑤ 康德（1724—1804）：德国哲学家，西方哲学史上最有影响力的哲学家之一。

何实现的细节也都表述得很具体。

为了增加表达的魅力，请您做下面的事：按上面提到的原则写出您最重要的目标。请注意，一定要写得具体和细致：

- 开头的句子为："我很高兴，我……"
- 感觉似乎目标就在眼前要实现。
- 不要使用否定句，或是带有否定意味的词汇。
- 句子写完后，请检查一下，看看您是否对目标实现的成果有异议，是否很赞同它。
- 只有到此，您才可以放笔，并且相信生活会助您实现您的目标。

例句

我很高兴，我已经成功地获得XY公司招聘的销售部科长职位，并且仅在一年后就轻而易举地超额完成所设定销售目标的10%。此外，奇妙无比的是，我在职场的成功对我和延斯的关系产生了非常好的作用。

为雅典娜总结的几条生活格言

- 人的自由不是想做什么就做什么；自由是教你不必去干你不想干的事。 ——卢梭[①]
- 能使我们发挥专长的人就是我们生活中最需要的人。 ——爱默生[②]
- 未来既不是男性的，也不是女性的，而是人性的。 ——西蒙·波伏瓦[③]
- 我的朋友们，不要因为她是女性，就特意地去研究女性；也不要因为他是男性，就特意地去研究男性，才华几乎均匀地出现在两个性别中。 ——柏拉图[④]

---

① 卢梭（1712—1778）：法国伟大的启蒙思想家、哲学家、教育家、文学家。

② 爱默生（1803—1882）：美国思想家、诗人。

③ 西蒙·波伏瓦（1908—1986）：法国存在主义作家。

④ 柏拉图（约前427年—前347年）：古希腊伟大的哲学家，也是全部西方哲学乃至整个西方文化最伟大的哲学家和思想家之一。

• 在目标和实现之间的跨距中，我们发现了生活的意义和我们的第一个任务。

——阿德勒[①]

• 弄清为什么，轻松上征途。——尼采[②]

学习喀耳刻，确定价值观和人生成功的信念

请您像喀耳刻一样来到属于您个人的小岛上。通过下面的练习，您可以查清，您内心最深处的愿望究竟是什么，哪些价值内容您认为是重要的，在您现实的生活角色中，哪一个角色您利用了他们的价值。

练习

在您个人的小岛上做练习

有意识地获得自身的价值观

1. 第一个步骤

请您张开想象的翅膀，假设您要在一个孤立的小岛上待很长时间。您可以带上 16 个非现实的人物。这些都是您精心挑选的让您佩服赞赏的人物，或者是您想认识的人物，例如，彼得 · 潘[③]，已经过世的约翰 · F. 肯尼迪，摇滚乐歌星蒂娜 · 特纳，或者好莱坞影星凯文 · 科斯特纳，小说中的人物也行，或者童年的连环画画册中的人物。请将他们的名字写在下面矩阵图的左栏中。

2. 第二个步骤

将 16 个名字登记完毕后，您思考一下，在他们身上您最看重哪些性格，并

---

① 阿德勒（1910—1988）：德国诗人和小说家。

② 尼采（1844—1900）：德国著名哲学家，西方现代哲学的开创者，同时也是卓越的诗人和散文家。

③ 彼得 · 潘：苏格兰小说家及剧作家詹姆斯 · 巴利最著名的小说《不会长大的男孩》中的主人公。

把它们写在第二栏中。然后请考量一下，与每两个性格相关连的情感是什么，并把它写在第三栏里。现在请您分别找到它们共同的价值观。您将所有的小格子都填满以后，请把您认为最重要的价值观取值挑选出来，用于接下的一个练习："角色—价值观"矩阵图。

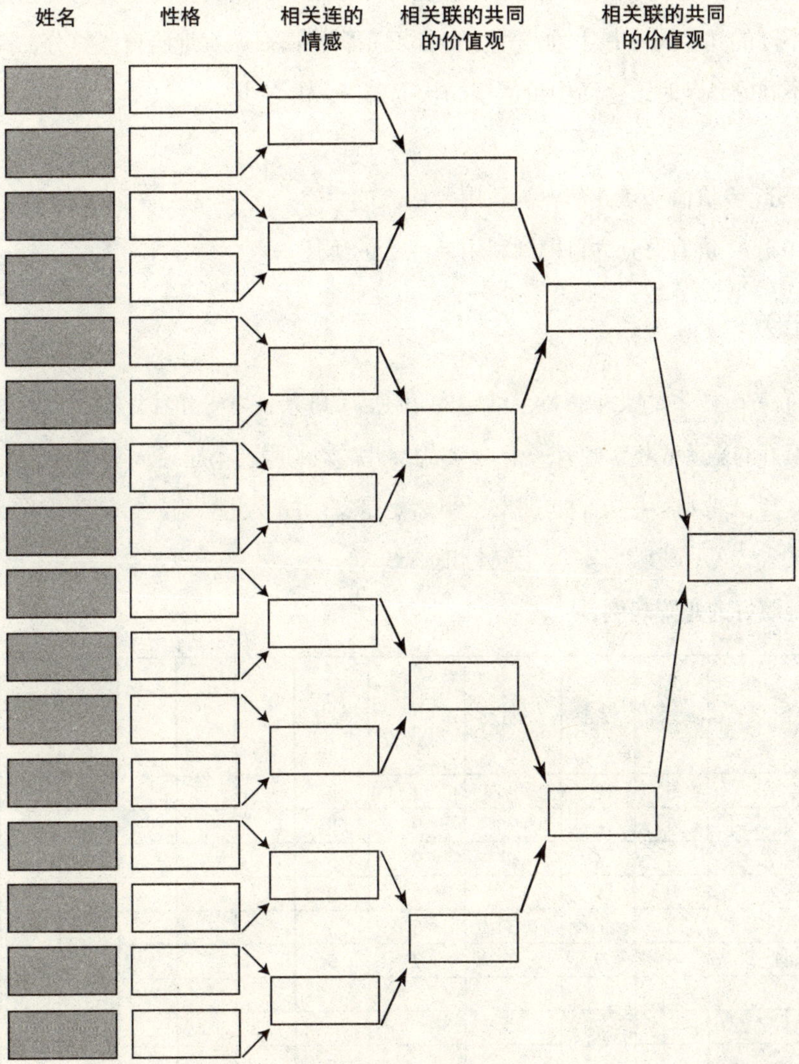

"角色—价值观"矩阵图

练习

“角色—价值观”矩阵图

现在您获取了您认为重要的价值观取向。那么请把它们填入下面这个矩阵表格中。请仿效范例。将重要的各项价值观写在矩阵表格的左栏里，您在生活中的各种不同的角色写在最上面一行里。都填完后，请很诚实地给自己打分，即您在扮演不同的角色时，生活中价值观的状况如何，占多少分。

1 分 = 价值一点儿都没被利用 = 巨大的亏空

10 分 = 价值百分之百得到利用 = 巨大的好运

范例

有一个 45 岁的女子，她生活中的角色为：母亲、妻子和独立的女商人。下面是她填好的矩阵表格。她有一个 12 岁的女儿。她的服装小店经营情况很好。另外，她设定自己是她女朋友们的朋友，当然她是父母的女儿。她的价值观取向为：爱情、被人认可、成就、安全、感性和幽默。

她填好的矩阵表例：

角色 / 价值内容	母亲	妻子	女朋友	自由职业者	女儿						
爱情	8	8	8	4	8						
外界的认可	5	6	7	9	9						
成就	4	4	6	9	5						
安全	9	9	7	4	9						
感性	3	6	3	5	5						
幽默	5	7	8	7	9						

请您现在将您的价值取向、角色和评分写入矩阵表格中

角色 价值内容						

帮助评估您的“角色—价值观”矩阵表格

- 1-4 分表示：您非常需要行动起来，改善您的生活质量。
- 5-7 分表示：您的个人发展还有潜力。
- 8-10 分表示：这是您生活中平稳和幸福的领域。

评估举例

以前面 45 岁的女子填写的数据为例。她的分数显示，她在扮演母亲角色时，被人认可和成就分别为 5 分和 4 分，而在自由职业者的角色中这两项都为 9 分，两个角色在这两项中存在着差异。而且她在独立经商的领域中，缺少安全感（4 分）。

练习

您的价值观探查结果

从您为自己的打分中您发现了哪些差异？

____

____

您打算怎么做，以改进您在这些方面的生活？

____

____

喀耳刻属于太阳 + 火象星座，靠着她的半个太阳的能量，她总能达到她的目标，她喜欢在错综复杂的困境中，导演一出小小的情节剧。下面的练习帮助您从您的模式中走出来，就像我们前面所讲的那四个女士一样。

练习

识别限制发展的模式

请仔细想想，在您的一些生活领域中是否有这种情况：您总是不断经历同样的事，并且您很想改变这样的境地。

1. 您不断碰到什么事？

____

____

2. 怎么开始的？

____

____

3. 之后的情况如何？

____

____

4. 结局是什么？

____

____

5. 在危急的情景中，您如何评价自己和其他人的表现？

____

____

6. 如果这种情况继续下去，并且您自始至终都坚守您的模式，那么 5 年、10 年或者 20 年以后呢？

____

____

7. 如果这种情况持续一生，那您对自己，对其他人和世界又会说些什么呢？（在您的墓碑上会写什么？）

____

____

您细看这 7 个问题及您的回答，再去看看我们那四位女士的故事和模式，您身上的哪一个模式引起了您的注意，请把这些模式登记在下面。

信奉模式

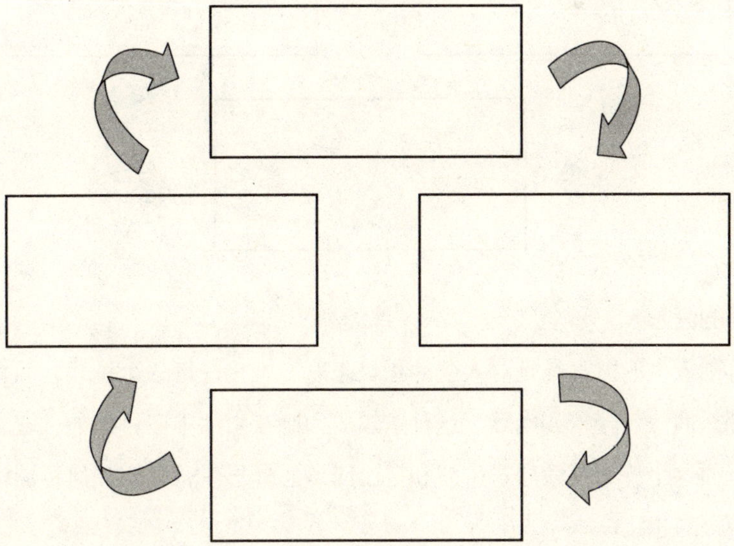

为了促使改变，您准备从何处着手？

____

____

您将来会有什么改变的行动？

____

____

完成后，您的信奉模式会是什么样的？

____

____

信奉模式

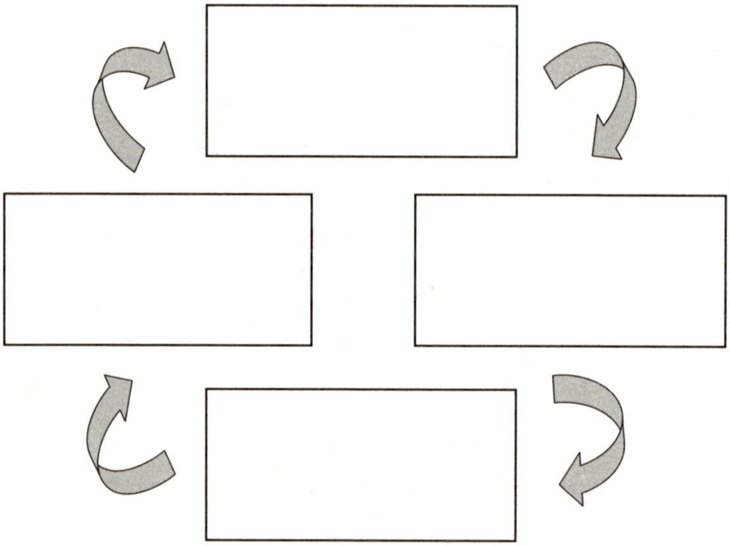

利用正确的信念

喀耳刻最大的财富是她对人生的积极态度。她接受每一个挑战，而且面对挑战总是那么愉快、轻松和幽默。这种本领成为她在生活中应付自如、取之不尽的资本。下面这个练习将教您对生活和自己应该怎样思考，以及如何将消极的想法转变为积极的想法。

练习

找到和改变信条

下面表格所列内容可以使您了解到人们积极和消极的想法。请利用这些例子，来发现限制自己发展的信条。再观察一下您一天的思想和忧虑，并将其写在后面的空表格里，然后再相对填入新的、勉励的、乐观的信念格言。把您觉得最重要的新信念写在小卡片上，贴在浴室的镜子上、冰箱上，或者您汽车的操作盘上。这样就会常常提醒您要有积极的人生态度——在您的潜意识中请利用喀耳刻的力量。

例子：

旧信条	新信念
我外表一定得漂亮，大家才会觉得我有魅力。	我真实可信，这使我散发魅力。
我想得到一个强大男人的保护。	我热爱我的生活，我在我的心里找到了我需要的所有保护。
要让大家喜欢我，我一定得乖顺、可爱。	我会发表自己的意见，做符合我身份的人。
柔弱很有魅力。	我能刚柔兼备。
我什么事都表示同意，这样其他人才会觉得我很友好。	我会针对各种不同的情况表明我的意见。
不论任何情况我都以个人身份处事。	我会将业务关系和个人关系区分开。
我肯定很胖。	我想保持我现在这个样子——我也完全可以做到！（我会达到我理想的体重，因为我意志坚强。）
女性意味着当母亲。	女性就是女性。
女人不可能获得事业的辉煌	女人的每个机会都是自己给的。
我的大部分成就归功于运气和意外。	我决心做的事，一定会办成。
要改变我自己，我觉得很难。	改进和开发自己，是我高兴做的事。
没有无条件的爱。	无条件的爱从我自身开始。
我想什么不重要。	我的思想决定我的行动，而我的行动影响我的生活。

续表

旧信条	新信念
搞关系很难。	搞关系容易。
赚钱很难。	赚钱给我带来乐趣，赚钱是件容易的事。
我活该如此。	能这样成功和幸福，我当之无愧。

旧信条	新信念

为喀耳刻总结的几条人生格言

- 人生如戏，精彩的不是长度，而是演技。——圣力嘉
- 有三样东西有助于缓解生命的辛劳：希望、睡眠和笑。——伊曼努尔·康德
- 在大哭大叫的地方，又能找到生活的乐趣，苦尽甜来。——维尔纳·芬克[①]
- 能力和才智受到欢迎，这就是成功。——亨利·福特[②]

① 维尔纳·芬克（1902—1978）：德国电影演员，导演。

② 亨利·福特（1863—1947）：美国实业家，福特汽车公司的创始人。

• 如果说有成功的秘密，那就是：弄懂他人的立场，以他人的眼光看事物。

——亨利·福特

• 女性是庞大的财富，也理所应当受到礼遇。 ——哈里特·鲁宾

学习亚马孙女人，注重能力和知识

亚马孙女人的一个优势是，她不爱慕虚荣，也从来不欺骗自己。您应该完全像她这样，去参加培训和进修，并且客观地发现，您的专长是什么，您还想学会和掌握什么。

请您开始对您的强项和弱项进行分析。

练习

找出强项和弱项

强项—弱项—分析

能力	评价		评语
	差 中等 好 10 9 8 7 6 5 4 3 2 1 0 1 2 3 4 5 6 7 8 9 10		

行动计划

亚马孙女人的另外一个精彩亮点是她始终不懈地作为。您在明确了您的目标、您的模式，以及对您的强项和弱项进行分析之后，关键在于，要振作精神积极行动起来。

练习

承担行动的责任

为了使您对自己要做的重要的事承担责任，也为了进一步发挥您的能力，请在下面的表格里填写您准备做的三件事。

我将做什么事？	我需要的支持：	成功的标志：
1.		
2.		
3.		

下定决心

1. 请把您想办成的事都写下来。

2. 对写下的每一件事，您都要反问自己："我从这件事中会得到什么好处？""为什么我想做这件事？"如果此时对某件事您改变主意，不想干了，那么您就把它删去。

3. 请做一个女人必须做的事！

为亚马孙女人总结的几条生活格言

• 遵循目标，百折不挠，这就是成功的秘诀。 ——本杰明·迪斯雷利[①]

① 本杰明·迪斯雷利（1804—1881）：曾任英国首相，保守党政治家和文学家。

- 不要考虑，明天要做什么，而要做今天能做的事。 ——卡尔·波普尔[①]
- 你自己不作为，那就无可救药了。 ——芭芭拉·比拉赫[②]

学习阿佛洛狄忒，掌握职场上的行为规则

阿佛洛狄忒是个充满诱惑力，善于交际和耍花招的女神。在宙斯为王的奥林匹斯山上，她凭借着魅力和精明圆滑一路畅通。从她身上我们可以学到，如何信心百倍地在一个还是由男人占主导地位的世界上实现自己的目标。因此，您应该知道，您要如何施展您的诱惑力，同样还应知道，您要如何避开他人对您的诱惑。

服装：如何着装，才能为胜利插上翅膀

从您的形象和服装开始。请简单明了地在下面写出，您为您的“职业品牌”的定位结果：

____

____

穿什么服装能适合您的定位呢？下面列出了形象设计的一些建议，供您找到适合您个人风格的服装：

正确得体的职业装

- 要适合职场女性穿的服装吗？请您考虑考虑，您这么穿是否舒适，您的服装是否与您工作的场合协调。
- 您觉得穿裙子，还是裤子比较舒服？如果您是玛丽莲·梦露类型的，那么您就穿裤子。
- 您穿裙子时，一定要注意，裙子不要太短，至少齐膝，这是箴言。

---

① 卡尔·波普尔（1902—1944）：英籍奥地利哲学家。1965年英国女王伊丽莎白二世授予他爵位。

② 芭芭拉·比拉赫：德国商业编辑和作家。

- 西装上衣给您以安全感，在商务会议上给人以庄重的感觉。
- 请您注意，衣服颜色既不要太单调，也不要太花。太单调的颜色会让对方眼睛疲劳，身心懒散无力。而太刺眼的颜色则会具有攻击性。穿着淡雅颜色的服装可以使您在重要约会时处于安全一方。
- 颜色是否相互搭配？您想协调一致，还是不一致？选择红色时务必当心。
- 注意着装类型。各季节适合您风格的是什么式样的服装？找专业的着装公司咨询一下，这个投资是非常值得的。
- 饰品要戴，但大放异彩的首先是您和您的独特魅力。因此要记住：不宜过多，少一点更好。
- 不要使用刺鼻的香水，而要选择微微清香的。如果对方因为您的香水味而引起头痛，那就糟糕了。
- 赴重要的约会一定要化妆——但千万不要浓妆艳抹，过度化妆。每日的淡妆会让您散发独有的女性丽质，让您的容貌得到修饰，焕发风韵。这里建议您到专业的化妆造型公司去咨询学习适合您的化妆技巧。
- 时髦和适宜的发型也是表现良好外在形象的重要部分。

根据您的定位审查您的着装。请不要厌倦，要不断扩大和试穿适合您风格的服装款式。务必注意，您的装扮要符合与您打交道的那些人的口味和想象。

经营人际关系：打造一个亲和的人气场

阿佛洛狄忒在奥林匹斯山最引人注目的是，她能轻松自如地处理和经营与各方的关系，如鱼得水地穿梭在众神和凡人之间。她总览和操纵着一切，因此她是古希腊最大的女性领导。请您竭力效仿她。

首先，您打交道必须找对人。要找那些对您有益处的、支持您的人，而不是那些喜欢嫉妒、猜忌、很抑郁，甚至玩世不恭的人。在职场上应该与能够引领您取得成功的人搞好关系，例如您的上司、客户和同事。请一如既往保持真实和可靠，并请遵循下面的谋略：

维护人际关系

- 在交谈中用微笑和点头表示赞同对方的意见。
- 做笔记，记下其他人说的要点，但之前要征得对方的同意。
- 之后一定要总结一下对方所说的内容，并询问对方，您是否正确理解了对方的意思。
- 请承认错误，如果有原因，则要道歉。但您始终与对方保持平视，不要低三下四。
- 讲清楚共同的利益和不同的利益，要特别强调共同的利益。
- 接受批评——不要掺入个人的情绪。
- 提问题的数量要比您给予的回答更多——除非那个场合确实只需要做出回答。
- 请学会移情，即换位体察，要表现出自己对对方的同情，以及您相信他讲的话。
- 无条件地、积极地争取达到双方一致的意见。
- 拿出时间用于交谈，并且敞开心扉。您的体态就能表现出您在想什么。
- 与对方保持眼光接触，不断地注视对方，但不要死盯着对方。
- 请诚实，但不失谋略。
- 表示信任，但不要盲目轻信。
- 用尊称称呼谈话对方。
- 真诚地表示您的认可。
- 永远也不要伤害他人的自我价值观念。
- 避免任何形式的自以为是，将他人置于注意的中心，而不是自己，从他人的角度来陈述理由。

交际原则：提高自我效能

阿佛洛狄忒依靠她的魅力、机智和高超的交际能力获得最美女神的美誉。奥林匹斯山的其他女神都没有她这样的效能，因为阿佛洛狄忒任何时候都知道，她怎样做才能受到众神的欢迎。也请重视您的影响，记住下面几点：

您要学会的交际方法

- 无论什么时候都要发挥您的作用，展示您的影响力，但不能不去交际。
- 您的心理状态影响着您的行为举止，因此一定要努力做到，使自己一直都处在最佳状态！若身心紧张，交际能力和目标意识就会大大减弱。
- 利益左右着关注度。您想的就是您要关注的。
- 在交际中没有错误，只有结果。请掌控您的交际方向，以达到您所希望的结果。
- 要善于察颜观色，目光敏锐者才能捕捉到事情的真相，这里没有客观世界，只有主观世界。通过您的交际您完全可以拨云见日，获取“真相”。
- 人对陌生的东西都会产生恐惧心理，因此您在包装您的信息时，一定设法让对方能接受您所提供的信息。
- 当对方没有按您的愿望行事时，请保持“最佳状态”，用微笑改变您的态度。
- 人都是自私者。他们总是在想他们的利益。您永远不要忘记，并且要常常问自己：某人从我的话中能得到什么好处？
- 您的肢体语言反映了您的内心活动。请努力做到表里一致。

交谈双方觉得同命相连，有共同语言时，人们情投意合，感觉是最舒服的。因此，您要学会迎合对方的交际方式。轻松自如地运用他的语言、他的手势和他的语速。如果您想成为一个真正有诱惑和影响力的女神，那么请您与交谈的人“同呼吸，共命运”。您要集中精力去优化和提高您自身的效能——未来您必定会满怀信心地去交际。

口头表达：提问的艺术

人们之间的交流常常停留在表面，引人关注的渴望、希望和愿望常常隐藏在感觉和思维的深层结构中。人们在一般场合发表的意见越多，阿佛洛狄忒类的女性就越要细致地询问事情的来龙去脉。勤问者必领先。通过提问，您可以获得您想知道的信息。对方是事件发生的中心，受到那么体贴入微的触摸，会感到很舒服，并很愿意向您透露有关自己的更多情况。请记住，在一个越来越孤独的世界里，每个人都为有机会谈谈自己而感到高兴！下面举例说明：

提问要有的放矢

- **对方的陈述一般化，**使用很简单的词语，像“一直”“所有的”“每个人”“从来没有”“男人们”“女人们”“世界”等，这时您可以轻松地追问“一直都这样？”或者“真的是所有的男人吗？”在问句的最后，语调要稍稍抬高，以达到强调的目的，并等待对方的回答。
- **对方的陈述卡壳了，**例如，说“我的上司快要把我弄疯了”，或者“这些女人压根儿就不理解我”等，这时您为了搞清事件背后的深层原因，可以这样问：“您的上司怎么会这么做呢？”或者“您凭什么觉察出，某一个女人理解您？”等等。记住，您的问题会影响对方答题的导向，特别是他的情绪。如果您提的问题不当，让人感到棘手，那么被提问者就陷入了尴尬的境地。您如果这样问“您的上司究竟怎样把您弄得快疯了”，那么他就会感到回答起来很困难。或许这会对澄清真相和解决问题有用，但您应该始终意识到这样的问题会影响到他人的情绪。而类似“要怎么样才会让您感到舒心”的问题就会引导对方进入积极的，正面的思维轨道。他必须考虑，好的状况究竟是什么样子的。这种方式的提问主要是针对那些地道的悲观主义者，以便帮助他们脱离消极的思维方式。
- **有些人喜欢用“是的——但是”这类句子结构表述，**如：“我的确很喜欢体育锻炼，但是我没有时间。”您可以采用迂回的方式，提出问题：“您想象一下，有一天您拥有了世界上所有的时间，到那时，请老实说，您会不会拿出更多的时间去锻炼身体呢？”

只要对方用心设想，那么他的回答就是诚实的。您也可以从中得知，他现在不锻炼是真的不喜欢呢，或是一种借口。对 80% 的“是的——但是”陈述者您都可以采用这种方式进行提问。

- **对于有些放不开手脚，处处限制自己的表述者，**如：“这个我不会”“我不该做这个”，为了弄清其中的障碍究竟是什么，您可以这样问：“是谁说您不该做这个？”或者为了引导他解决问题，问他“您得具备什么能力，才能办成？”如果您不想让对方为自己辩解，那么您就一定不要提对方回答不了的问题。
- **有的人喜欢在没有参照物的情况下做出武断的评价，**如：“我觉得这太贵了”（销售时的谈话），或者“我觉得拆分价的价位太高”（私人谈话），对此您的解决方案是让对方找到参照物。在销售时您可以问：“跟什么比太贵了？”在私人谈话中您可以问：“与什么比较你觉得拆分的价格太高了？你认为最高价是多少？你认为价位应该多高？”
- **对方无端的恐惧，**如：“新的环境让我很害怕”，这时您得搞清具体的背景情况，因此您可以问：“在新环境中究竟什么让您感到害怕？”或者也可以用积极的方式问：“怎样的新环境会让您没有恐惧感呢？”

口头表述：表达的艺术

另外，用什么样的方式方法来表达您的思想，这里蕴含着另一种诱惑技巧。您一定读过《丛林之书》[①]中的蟒蛇卡阿的故事，对吗？它通过说话方式温柔地给人催眠。您完全有权利，通过您交谈的方式来决定，您是否要攻击对方，或者采用温和手段。其秘诀就在于词语的选择，当然还有语调和语速，下面也举例说明：

有益的建议

- 如果您想将心里的小愿望变为现实时，例如，在应聘面试时，您可以这样表达：“我对贵公司的研究越多，就越敢肯定，我确实具备你们为这个责任

① 《丛林之书》是20世纪英国最重要的著名作家之一鲁迪·吉卜林的早期作品。

重大的职位设定的资格和能力。”

- 如果您想委婉巧妙地表达不确定的意见时，您不妨这么说：“也许会很容易为您找到一个让您满意的解决方法吧。”或者：“虽然目前看来所从事的事务不是那么有趣的，但说不定有时也是很有用的。”
- 如果您想突出您个人的说服能力，您可以在问句中使用连词“或者”，例如：“您的优先权体现在哪个方面？您觉得女雇主身上哪个品质更重要，可靠？或者是敏捷麻利？”
- 您预料您的目标会受阻，您想冲破这个障碍，请先下手为强，委婉地挑明有可能产生的异议：“您也许会问，我才25岁，怎么就已经有那么多的职业经验……”或者：“我很好奇，我们在合作中还会开创出什么奇思妙想。”若对方有强烈的偏见，您就问：“如果您抱着怀疑态度，不相信我这样的一个女孩子真的能胜任这个职位，那么请您现在放松心弦。您只要读读这些推荐信，您就会知道，我正是你们需要的合适人选。”

您提出的每个看法都要与您自己相信的一样有价值。

为阿佛洛狄忒总结的几条人生格言

- 只靠理智生活的人不懂生活。——格尔德·乌伦布鲁克
- 没有那么多的诱惑挡路，成功之路就缩短了。——萨沙·吉特里[①]
- 我在生活中获得了成功，现在我要让我的生活获得成功。——碧姬·芭铎法[②]
- 不能舒展奔放的自由丢失的还有自身的优势。——汉斯·卡斯帕尔[③]
- 谁声称，企业必须通过数字，而不是通过人来掌控，谁不久就会为此埋单。——马蒂亚斯·沙拉赫[④]

---

① 萨沙·吉特里（1985—1997）：生于俄国，电影演员、剧作家、导演。

② 碧姬·芭铎法（1934—　）：法国电影女明星。

③ 汉斯·卡斯帕尔：荷兰马斯特里希大学教授。

④ 马蒂亚斯·沙拉赫：书商。

• 为了赢得安全而放弃自由的人，到头来鸡飞蛋打。——本杰明·富兰克林[1]

学习阿耳忒弥斯，管理好时间

创造硕果累累的生活离不开合理的时间管理。阿耳忒弥斯就是很好的范例。由于她的内倾感觉型，特别是思考性的人格特征，她成功地统筹兼顾，有条不紊地完成了各项策划和组织工作。

区分紧急和重要的工作

为此我们要使用一个以美国总统德怀特·戴维·艾森豪威尔名字命名的著名的法则：艾森豪威尔法则[2]。这项原则按紧急性和重要性给活动和任务分类。并非所有紧急的事都是重要的。这一方法帮助您安排好时间，帮您区分这项任务是否要立刻做、以后做，或者不做。

练习

借助艾森豪威尔法则，行使要事第一的优先权

请考虑为您目前有待完成的任务分类，并采取相应的行动。

重要性和紧急性	不紧急	紧急
重要	尽可能自己制定规划 ________ ________ ________	立即自己处理 ________ ________ ________

① 本杰明·富兰克林（1706—1790）：美国著名发明家。

② 艾森豪威尔法则就是四象限法则。这个法则能帮助人们快速决定哪些任务该优先处理。确定优先的标准是紧急性和重要性。根据这两个标准可以将任务划分为紧急重要、重要不紧急、紧急不重要、不重要不紧急四个区域。因创始人是艾森豪威尔而得名。

续表

重要性和紧急性	不紧急	紧急
不重要	立刻划去，不处理 __________ __________ __________	委托他人或者下属处理 __________ __________ __________

目标和盈利

在时间面前人人平等。关键在于，您如何对待它。要尊重阿耳忒弥斯的几条原则：

- **目标**：像使用弓箭一样利用时间。首先，目标必须明确，将您的时间对准您的目标。
- **规划**：在晚上用书面形式规划第二天的时间安排，为突发事件留出缓冲时间。
- **优先原则**：先将重要的纳入计划，把不重要的划去。
- **总结归类**：按时间将任务归类。例如：电话、邮件、短时间会谈。
- **简化**：将困难的任务分为若干小步骤完成，确定先后次序和完成日期。
- **委托**：什么？谁？为什么？什么方法？至何时完成？您也可以说“不”，友好地拒绝其他人。
- **考虑周到**：预先要对目标确定和结束日期一项协调好，不要拖延、推迟和超时。
- **电话**：预先要打听好通话的合适时间，商定好通话的时间。
- **享受成功**：任务完成就是获得成功。请酬谢自己和其他人。
- **开启两个时间窗口**：

  ——为其他人开启的窗口：您和他人共同分享您的时间。

  ——为自己开启的窗口：您可以利用这个时间去处理需要安静和集中精

力的事务。

抓住和禁锢时间盗贼

先要认识什么是时间盗贼，这样才能防御和保护自己。这类盗贼以各种各样的面目出现，那么究竟哪些盗贼偷了您的时间呢？

- 没有勇气说“不”
- 没有书面的目标
- 缺少优先统筹的能力和每日的规划
- 电话打扰
- 分心
- 拖沓的，不必要的会谈
- 令人厌烦的公务文件
- 推迟棘手的任务
- 缺少与雇员、同事的明确协定
- 过分求全
- 投入的技术辅助工具太少
- 缺少坚定不移的精神和自律性
- 缺少交流
- 在自己的领导工作中缺少有条不紊的分类系统
- 其他：

练习

揭露时间盗贼

标出您的三个最大的盗贼，坚决赶走它们。想一想它们产生的原因，并开始着手排除它们。

您的三个最大的盗贼是：

1.____________________

2.____________________

3.____________________

它们产生的原因：

1.____________________

2.____________________

3.____________________

防御措施：

1.____________________

2.____________________

3.____________________

用阿尔卑斯方法（ALPEN-Methode）规划每天

阿尔卑斯方法指导您，将一天分为 5 个时段来安排。您每天要用 5-10 分钟准备一个书面的时间表：

A. 写下任务：写下您这一天必须开展的所有活动，其中包括任务、日期、一天的工作、没有办完的事等。

L. 估算所需时间：估计出每项日程所需的具体时间，设定时间限制。

P. 预留弹性空间（缓冲作用）：按照 60∶40 的经验公式，每天只安排 60% 的时间用于已知活动，40% 预留出来处理可能发生的突发事件。您可以按此比例试用一段时间，然后审核一下，按您的经验多少比例比较合适。

E. 果断作出取舍：排列出所有任务的轻重缓急顺序，重要的优先，划掉不必亲自处理的、可以委托他人的任务和约会。

N. 检验计划实施的效果：每天结束工作之后都简单回顾一下您的日计划完成

情况。将未完成的工作顺延到下一天的日计划中，或者登记在您已安排好要在某个时段中。

为阿耳忒弥斯总结的几条人生格言

- 计划就是与未来和现在做个商定。——哈里特·鲁宾
- 许多人想，他们是自由的，因为他们想干什么就可以干什么。殊不知，他们对自己实施了独裁。——欧内斯特·卡尔登纳尔
- 总体比部分之和要多。——阿里斯托特
- 每天少睡 3 小时，一年在成功之路上就要多花费 1.5 小时。——阿里斯托特·奥纳西斯
- 低三下四，卑躬屈膝拯救不了世界。——纳尔逊·曼德拉[①]

学习缪斯，掌握创意策略

想象力“休眠”的原因

缪斯们是些未被发现的艺术家，也是灵感和革新的源泉。当我们将内心世界中的美好灵性表现为外部行为时，就代表了个人的创造力。为了能展现人类特有的这种能力，我们必须开启通向心灵的大门，有勇气在那片汪洋的思维大海中找到闪亮的灵性珍珠。我们在日常生活中常常不注意去开发想象力，其原因是：太多的担忧、缺少乐趣、受挫、夸大个人的重要、害怕出丑，有时是自以为自己无所不知。

哪些要素能激发人们的创造力呢？人们需要具备：迎接挑战的情感、好奇心、发现新事物的乐趣、喜欢探索发现事物之间的新关系、本身好玩、求知欲强、

① 纳尔逊·曼德拉：1918 年出生，是享誉全球的诺贝尔和平奖得主。为了推翻南非白人种族主义统治，他进行了长达 50 年艰苦卓绝的斗争，铁窗面壁 27 年。最终从阶下囚一跃成为南非第一任黑人总统，为新南非开创了民主统一的局面。

有时也会有异议，不满现状，或者有强烈的学习愿望，或者只是想用新眼光看平常事。

唤醒我们的想象力

我们需要什么才能唤醒自身的想象力呢？要具有坚定的心态，生活的情趣，摆脱固有思维模式和老规矩的能力。有勇气去想稀奇古怪的所谓“荒谬”之事，这对开发想象力是有益的，还有一点很重要，那就是对获取成就的欲望和乐趣要永远超过对失败的恐惧。

练习

释放您的想象力

请非常自然地，顺口问答下面的问题。

如果我要一本书，书的内容是关于：

____

____

____

如果我要拍一部电影，电影的内容是关于：

____

____

____

如果我要画一幅画，画的是：

____

____

____

如果我要写一首歌，歌的内容是关于：

____

如果我能上大学，我要学习：

如果允许我任意挑选世界上一个地方，我将去往：

如果我可以与世界上任何一个人生活在一起的话，我会选择：

在什么条件下，一天会 26 个小时？

发生了什么情况，您就不需要再睡觉了？

您要怎么做，才能赚到一百万欧元？

在什么情况下您就永远不再害怕了？

____

____

____

在什么情况下，您所有的愿望才会实现？

____

____

____

提出正确的问题

缪斯们善于提问题，她们的问题总是如愿以偿地得到满意的答复，因为她们从来不考虑，症结可能会出在哪儿，而只想事情解决后会是什么样子的。我们针对生活提出的问题，得到的总是相应的回答。因此，问题的答复一定要让我们心里感到高兴。与其问："这个问题是怎么产生的？"不如问："用哪些办法可以解决呢？"

练习

创造性地开发智源

氛围：要注意，在您开始执行创意任务之前，您要创造一个令您感觉舒适的环境，心情必须愉快。创意的灵感就是您注入一件事情的生命活力。

借助迪斯尼创意策略给想象插上翅膀[①]

请给自己准备四个不同的空间。可以是四个房间，就像沃尔特·迪斯尼在他奇妙的家里所布置的那样。但也可以将一个空间分成四个部分。现在您要扮演不同的角色，在不同的房间完成您的任务。

---

① 迪斯尼创意策略：迪斯尼生前在工作过程中会从不同的角色"梦想家""实干家"和"批评家"来处理问题，获得最佳信息，这种策略称为"迪斯尼创意策略"，也是迪斯尼公司经久不衰的成功秘诀。

• **梦想家的房间**

您的周围环境优美，轻音乐娓娓动听，伴随着整个过程。您不要给自己规定时间。让自己轻松进入一个“白日做梦”“天马行空”的状态，并静静地想入非非：若是要成功，会有哪些可能的构想，会经历哪些过程呢？请在脑海里搜集所有可能的答案，并且不停地编造，直到您实在想不出来了，就起身离开，走到下一个实干家的房间去。

• **实干家的房间**

这里笼罩着平淡严肃的气氛。请关上音乐，给自己限定时间。现在您进入到理智型的现实主义者（雅典娜）的状态，请精确地回答下面的问题：

——现实情况怎样？

——我们需要什么？

——代价是多少？

您规定的时间到了，请去批评家的房间。

• **批评家的房间**

在这个房间里您可以对构想提出您所有的异议，甚至是毁灭性的否定意见（但只允许在这儿发泄）。挑剔的客户会对您的意见提出哪些指摘？您怎么驳斥？为什么注定会失败呢？请把您的批评一一都记录下来。如果真的想不起还有什么批评意见了，就请进入协调者的房间。

• **协调者的房间**

在这里您可以清清楚楚地看到您在各个房间记录的活动内容：

——第一个房间您在梦想……

——第二个房间您在实干……

——第三个房间您在批评一切……

那么请对这里看到的一切做出反应、归纳、协调，并从中发掘出您的创意。

为缪斯总结的几条人生格言

- 真正的生活艺术是在平凡之中看到了神奇的美妙之光。——赛珍珠①
- 大自由是由许多小自由组合而成的。——纳齐奥·斯隆②
- 如果你想造一艘船，不要召集人们去采木，请升起你的渴望之帆，漂向遥远的，一望无际的大海上去吧！——安托万·圣埃克苏佩里③
- 愿望是我们能力的征兆。——歌德④
- 事物的美丽留驻在观察者的心灵里。——大卫·休谟⑤
- 见鬼，谁想听演员说话？——哈里·华纳⑥
- 梦想做引导，成功将超出我们所有的期望。——亨利·戴维·梭罗⑦
- 在人世间神奇的魔术家之所以引人注目，是因为他能在众目睽睽之下千变万化，改变着物体的形象。——克劳德-阿德赖因·黑儿费蒂乌斯

学习美狄亚，掌握应急的战斗策略

权力是对抗阻力，实现自身目标的能力。——马克斯·韦伯⑧

---

① 赛珍珠（1892—1973）：直译名为珀尔·巴克，美国作家，1938年凭借小说《大地》获诺贝尔文学奖。曾在中国南京生活了十几年。

② 纳齐奥·斯隆（1900—1978）：意大利作家。

③ 安托万·圣埃克苏佩里（1900—1944）：法国作家。

④ 歌德（1749—1832）：是18世纪中叶到19世纪初德国和欧洲最重要的剧作家、诗人、思想家和政治家。

⑤ 大卫·休谟：1966年生，美国演员。

⑥ 哈里·华纳（1881—1958）：美国职业电影主管。

⑦ 亨利·戴维·梭罗（1817—1862）：美国散文家、诗人、哲学家、改革家、超验主义者。

⑧ 马克斯·韦伯（1864—1920）：德国的政治经济学家和社会学家，是现代社会学和公共行政学最重要的创始人之一。

女性和权力

即使您事事按规则办，也还有可能会遇到不公平的对待，您必须进行自我防卫。女性对权力的要求不像男性那样理所当然，不言而喻。直至今天，能冲破阻力，获得成功的女性数量相对男性要少。赛珍珠在她的书中写道："女人们所受的教育是要奉献和做贤妻良母。如果她们试图取得权力，就会产生恐惧，担心大逆不道，犯了大忌，会受到惩罚和驳斥，被看做不守妇道，肆无忌惮，好斗，或者不知天高地厚，还有一种恐惧，那就是她的男人对她的恐惧一般都满不在乎。"

其实根本不需要用暴力去赢得胜利。在谈判桌上您的技巧越高明，对手给您设置的阻力就越少。伊阿宋不履行婚约，美狄亚就不当贤妻良母。从美狄亚的身上您可以学习到，在谈判时目标必须明确，思路必须清晰周到，要千方百计满足自己的利益。下面所列的内容会对您有所帮助：

谈判的招数

1. 了解谈判对手

参加者是谁？

谁来谈判？

谈判对手的职能和谈判能力如何？

我如何评价我的谈判对手？

我的谈判对手如何评价我？

2. 区分人际关系和业务关系

是否存在将谈判本身的问题与谈判者之间的人际关系混为一谈的危险？

如何将工作和人际关系分开？

相互之间是否存在信任、接纳和尊重？

如果不存在，我怎么做才能消除不信任和彼此接纳的障碍？

3. 做好沟通和交流

相互交流有没有问题？如果有，问题在哪儿？这些问题如何排解？

对于价格、物品、目标、方式，以及谈判流程双方有无不同的设想？

我如何能发现对手的想法？

角逐中双方的情绪如何？

我如何表现自己的情绪？

4. 清楚定位和利益

对方对谈判的基调定位了吗？

对方有什么利益要求？

我们追求哪些利益？

哪些利益是一样的，哪些能协调，哪些相互矛盾？

5. 认真分析解决

有哪些解决的可能性？

这其中有哪些解决方案最贴近所有参与者的利益？

6. 遵循依法办事的原则和客观标准原则

有哪些谈判的规则？或者应该有哪些规则？

7. 选择好替代方案

如果谈判没有取得任何结果，我选择的最佳替代方案是什么？

我如何靠这种最佳方案生存？

对方的最佳替代方案是什么？

有效地使用权力意味着不用恐吓，或者施压，而是向对方讲明事情的真相，并提出警示。恐吓和警示之间的区别在于，恐吓是主观和敌视的，而警示确是客观和尊重的。警告者要阐述清楚后果，要告诉对方，如果双方不能达到共识，那么将会发生什么后果。

与“恶人”打交道

如果谈判对手是些不正派和令人讨厌的人，那么您必须全力击败他们，准备进行艰苦的战斗。请您回忆经典电影《星空大战》中的片段。年轻的英雄天行者试图说服他的师傅尤达大师，让他相信，每个人的心里都有善良的一面。尤达大师对此的回应是："不，有些人，他们心里只有恶。"如果您遇见的就是这种人，您就得杀他个遍体鳞伤，拼他个你死我活，决不能不战而死，只求个尸体的美丽和体面。

做好充分的准备是很有益的，尤其是自己要筹划好，如何克服强大的阻力。要成为这类谈判的赢家，必须自始至终集中精力，要清清楚楚，毫不含糊地将您的想法告诉对方，避免任何形式的同情和亲近。请在意念中想象自己周围有一堵保护的墙，这样您就处在一个虚拟的、能感觉到的堡垒之中。当那个恶对手对您异常冷漠，并且用尖刻恶毒的语言不断向您进攻时，您让想象中的护墙变为一面镜子。那时您会对即将发生的事惊叹不已。

为美狄亚总结的几条人生格言

- 热爱你的工作吧，它伴你一辈子幸福快乐！——中国格言
- 人是自由创造出来的，是自由的，即使在锁链中诞生。——席勒[①]
- 我更喜欢危险的自由，而不是静静的被奴役。——让·雅克·卢梭
- 超越不了自己就感觉不到自由。——马蒂亚斯·克劳迪斯
- 自由不会从天降，必须自己去争取。——梅里特·奥本海姆
- 提出行之有效、适合自己的要求，有谋略地投入您现有的力量，以实现您的要求。——哈里特·鲁宾
- 创造幸福，这并不是您丈夫、孩子、雇主或是上司的任务，而是您自己的任务。——芭芭拉·比拉希
- 当人们在苦难的生活道路上步履艰难地勇敢前行时，很少有人半途而废，而当生活变得轻松，人们开始选择舒服的捷径时，情况就大不一样了。——哈里特·鲁宾
- 追根溯源。——中国格言
- 人注定是自由的。——让·保尔·萨特

① 席勒（1759—1805）：德国18世纪著名的诗人、哲学家、历史学家和剧作家。

结束语

21世纪属于您

在您读完本书所描写的有关莉莉丝、希腊女神、好莱坞女星，以及其他女性名人的故事以后，您也许已经知晓自己的模式了，回忆往事，类似的经历依旧历历在目。那分离的痛苦时刻，或者沉浸在痛苦之中的那些岁月，还有您为自己作出正确和明智决定的转折点，都铭刻在您心中，挥之不去。无论您的处境是否改变了，这都不重要，但有一点是改变不了的，那就是：开启的新纪元属于您，亲爱的女性朋友！它属于您，因为您有选择、决定权。您可以选择坚持，也可以选择离开，或者斗争。

您吸取了所有女神的力量，您拥有了本书介绍的所有方法和武器。

离开……

倘若您具备了所有出类拔萃的女性品格，以及综合的全面的理想才能和潜质，而在您现在工作的公司里却没有受到重视——那么您就要当机立断，离开这个公司，去为自己找到一片天地。在那里，您的才华、您为这个世界所作的贡献都可以得到认可和欢迎。在这个时代里不乏数量足够的公司会得到您的青睐。如果您的附近没有，那么就组建自己的公司吧。

时代、发展，特别是所有人对建设一个更美好世界的渴望，以及对建立理想乐土的向往，都为所有勇敢的女性提供了机遇，敞开了大门。

……或者留下

在您现在工作的地方，您觉得自己还能够有所作为，无论是男性同事，还是男性上司，虽然他们墨守成规，不接受新思想，但您都可以努力争取大家，以取得更加统一的意见。如果这样，您可以选择留下。但是您留下的唯一条件是，您真的能看到有机会实现大飞跃，而您也问心无愧，没有丧失您的灵魂。

不管您如何作决定，一定都要有利于自己。

21 世纪的女人，就是要懂得如何掌控自己。

衷心祝愿您一切顺利。

您的苏珊娜·克莱因汉茨